U0194621

和你聊聊葡萄酒

[美] 莱蒂·蒂格（Lettie Teague） 著

蔡旭 译

中国水利水电出版社
www.waterpub.com.cn

·北京·

内 容 提 要

本书作者用一篇篇简单幽默的小短文告诉你，你只需要好好畅饮你手中的那杯酒即可。不同于市面上盛行的"葡萄酒大百科""葡萄酒圣经""葡萄酒全指导"等图书，本书没有包含那么多东西，只告诉你关于葡萄酒最重要、最关键的部分：葡萄、产区、挑酒的技巧、年代、储存等，当然，最多的是与你分享品酒的经验。莱蒂·蒂格的文章简洁又不失风趣，打破了传统"供奉"葡萄酒风格的文章，用"接地气"的文字和你重新浅酌一杯葡萄酒。

北京市版权局著作权合同登记号：图字 01-2017-6340 号

Originally published in English under the title Wine in Words in 2015, Published by agreement with **Rizzoli International Publications, New York** through the Chinese Connection Agency，a division of The Yao Enterprises, LLC.

图书在版编目（ＣＩＰ）数据

　　和你聊聊葡萄酒 / （美）莱蒂·蒂格
（Lettie Teague）著 ; 蔡旭译. -- 北京 ：中国水利水
电出版社，2018.4
　　书名原文：WINE IN WORDS:Some Notes for Better
Drinking
　　ISBN 978-7-5170-6421-3

　　Ⅰ. ①和… Ⅱ. ①莱… ②蔡… Ⅲ. ①葡萄酒—基本
知识 Ⅳ. ①TS262.6

中国版本图书馆CIP数据核字(2018)第074642号

策划编辑：庄晨　　责任编辑：陈洁　　加工编辑：白璐　　封面设计：梁燕

书　　名	和你聊聊葡萄酒　　HE NI LIAOLIAO PUTAOJIU
作　　者	[美] 莱蒂·蒂格（Lettie Teague）　著　蔡旭 译
出版发行	中国水利水电出版社
	（北京市海淀区玉渊潭南路 1 号 D 座　100038）
	网址：www.waterpub.com.cn
	E-mail：mchannel@263.net（万水）
	sales@waterpub.com.cn
	电话：（010）68367658（营销中心）、82562819（万水）
经　　售	全国各地新华书店和相关出版物销售网点
排　　版	北京万水电子信息有限公司
印　　刷	北京市雅迪彩色印刷有限公司
规　　格	170mm×227mm　16 开本　13.5 印张　211 千字
版　　次	2018 年 4 月第 1 版　2018 年 4 月第 1 次印刷
印　　数	0001—5000 册
定　　价	59.00 元

前　言

一本由多篇小短文构成的书应该慢慢地读——花一周时间甚至一个月的时间。就像一支好酒（这简直是无可避免的类比），一段段小文应该小口细品，而不是一饮而尽。进一步用葡萄酒做比喻（就一次，我保证），这有点像一瓶打开的茶色波特（Tawny Port）。不像普通的葡萄酒甚或年份波特，一瓶茶色波特打开后可以存放一段时间甚至一个月。茶色波特不像一般的葡萄酒那样怕因氧化而变质，因为这种酒的风格就是在装瓶前已经经历了有意为之的缓慢氧化（类似这种实用小贴士本书中还会涉及）。

书中有短文会谈到波特，这是我最喜欢的餐后甜酒之一，同时还会聊到与它风格相反的莫斯卡托（Moscato）。也会有短文谈到一些我很不喜欢的葡萄酒（见：南非皮诺塔吉 South African Pinotage），也会说到有一些人对特定葡萄酒厌恶至极，以至于组成了一个俱乐部（ABC，或者叫 Anything But Chardonnay，也就是喝什么也不喝霞多丽）。

本书涉及很多实用性内容，包括购买、储藏、收藏以及餐酒搭配——尤其是奶酪与葡萄酒的搭配。还有什么组合能比奶酪与葡萄酒更常见，或更常被放在一起被大家谈论的吗？

书中文章也会谈到婚礼上的选酒以及最适合的葡萄酒礼物（暗示：当不知道买什么好时，买超大瓶）。这两个场景在日常生活中总会出现，但我参加的婚礼中，只有能用一只手数得出来的有限的几次，算是真正有优质的葡萄酒可以喝。为什么人们会花那么多钱在鲜花上而又如此吝惜葡萄酒的花销呢？唯一的例外可能就是香槟了——大多数的新郎新娘还是愿意在婚礼香槟上花钱的，可能这是因为他们能真正记得的只有香槟吧。

本书也会提到一些我个人非常喜欢的产区，比如西西里岛、纳帕、索纳玛和夏布利。这种产区肯定应该有更多，但如果我不喜欢或是不想反复去的产区我是不会去的，所以数量有限。葡萄酒产区当然应该是人们向往的地方。我发现游客旅游度假的目的地总是我工作要到访的地区。

书中有短文谈到了酒庄的狗，还有很多谈到了人。其实，在某种程度上，本书中的每一篇短文都谈到了人，各种人，比如酿酒师、酒庄庄主、葡萄酒收藏家、零售商、批发商和侍酒师，还有因为喜欢葡萄酒而愿意阅读有关葡萄酒文章的人们。作为《华尔街日报》的葡萄酒专栏作者，以及在那之前，*Food & Wine* 的专栏作者，我尤其要感谢那些热爱葡萄酒并阅读葡萄酒文章的读者们。这本书献给你们。

莱蒂·蒂格

（Lettie Teague）

致　谢

在很多人的帮助下这本书才得以诞生，他们是我灵感的来源，无论是葡萄酒还是人生。首先要感谢我才华横溢的《华尔街日报》的主编们，他们是这份伟大报纸背后的引导者。谢谢这些年乐于和我分享美味——或不那么美味的——葡萄酒的朋友们，还有你们带来的那些精彩的名言隽语。谢谢这本书背后的优秀团队——主编 Christopher Steighner、设计师 Alison Lew、插画师 Robb Burnham，以及我的经纪人 Alice Martell。感谢 Alan Richman，当今的 A. J. Liebling（赢得了更多的 James Beard 评奖）。最后，我要感谢所有葡萄酒行业中天才勤奋的男人和女人们——酿酒师、酒庄庄主、零售商、进口商和侍酒师们，是你们让我有那么多的素材可以写。

干杯！

目　　录

不拼命生长的葡萄藤只能结出平庸的果实，酿出平庸的葡萄酒——就像人生，太过闲适的生活只会造就庸才。

葡萄酒趣事

盛装出场的葡萄酒

　　不知从几时起，有些人非要把葡萄酒放在费心装饰过的玻璃杯中才肯喝掉，这种潮流似乎兴起了有几年了。以至于每当我现在参加派对，端给我的葡萄酒杯总是有一些奇奇怪怪、华而不实的小物件缠绕在杯柄或是杯子底部。是的，我就是想说说那些葡萄酒的配饰，你懂的。

　　我的一个朋友尤其喜欢把一些塑料的"珠宝"绕在杯柄上。按我朋友（还有很多其他派对女主人）的话说，这样就能轻松分清哪个杯子是自己的了。说这话的时候，她正递给我一个酒杯，上面系着一只看上去像塑料娃娃鞋子的东西。

　　先不说几百年来那些葡萄酒饮用者，谁都没把塑料娃娃鞋子挂在杯子上，也不见他们把自己的酒杯弄丢了。估计他们也不愿意在喝着一杯波尔多帕图斯（Pétrus）的时候还想到鞋子什么的。

　　而经过装饰的玻璃杯还仅仅是漫天葡萄酒配饰中的冰山一角。现在还有装电池的夜光葡萄酒开瓶器（难道是怕停电或是对话太过平淡无聊？），还有那种能在玻璃上画画和写字的专用笔。连葡萄酒瓶也有了自己的"衣服"，就好像以前孩子们特别喜欢给自家狗狗穿上的那种。

　　葡萄酒配饰产业和宠物产业似乎有很多共同之处。估计那些给自家的小巴哥穿衣服的人也愿意给梅洛（Merlot）配个水钻之类的装饰"提升"一下品质。

　　可话说回来，如果一瓶葡萄酒品质不佳，再如何盛装也改变不了它是劣质葡萄酒的事实（或者狗狗也是一样）。配一个包装袋或一个圈儿，或者在玻璃上写些字之类的只能让人分神，或是更糟。试想一下，一杯美酒在手，我们只想把注意力放在杯中酒上，而不是其他任何东西上。我宁愿晚餐吃了一半才发现原来自己一直拿着别人的酒杯，也远好过让这些乱七八糟的配饰影响了我享受美酒的心情。

随处皆可聊美酒

人们在很多场合都会聊到葡萄酒。餐桌上，人们可能会讨论某种特别的餐酒搭配是好还是不好。在葡萄酒商铺或是餐厅里，有时候客人会向酒商或侍酒师寻求建议，或是询问对某个特定酒庄的独特见解，或是求一支年份好酒。有些对话发生在酒庄的品鉴室里，但这种对话可能经常是偏于一方，例如品酒的人举着手里的酒杯，听酒庄的员工描述着这款酒的风味："带有隐约的樱桃、深色水果和香草的味道。"

但一些最有意思的对话都是我这些年"不小心"在网上看到的，比如在社交网络上，或是聊天室或公告栏上。那里有数不胜数的评论和你自己几乎不可能在现实生活中经历的故事。我自己从来不发起什么话题，我只是偷偷关注着那成千上万的妙趣横生的对话（我的这种行为被称为在网上"潜水"，即只是默默地阅读其他网友的讨论而从不发帖评论）。

有些话题非常有趣（也有一些并没那么有趣）。很多讨论慢慢就转换成了葡萄酒世界的八卦消息，比如一个酒商是不是从灰色市场（非正规买卖渠道）进了一批葡萄酒，或是某一个黑皮诺（Pinot Noir）种植园是不是从外面买了一些葡萄。

我从这些讨论中得知了一些我从没听说过的葡萄酒酿造商，也读到了许多人对于我心驰神往的葡萄酒产区的描绘。有人会评论到底是 1989 年还是 1990 年的波尔多（Bordeaux）品质更佳，当然还有数不尽的品鉴笔记。有人对香槟赞不绝口，有人对西拉（Syrah）或是纳帕谷赤霞珠（Napa Cabernet）或是罗纳河谷的白葡萄酒颇有微词。我还读到了令人心碎的葡萄酒交易经历：开瓶品尝却发现葡萄酒已经受到软木塞的污染。

偶尔也能看到对于专家和酒评家的尖刻置疑（著名的罗伯特·派克就一次又一次地遭到过抨击，不过他也有大力拥护他并与他站在一边的支持者，更不用说，以他的名字著称的评分公告牌网站时时上演的各种嘴仗了）。线下会员们还会定期聚在一起，把虚拟世界的争论搬到现实生活中，对着几瓶酒进行激

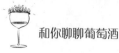

烈的争论。

　　感觉这有点儿像是站在了一个社区游泳池边上（或者比喻成当地酒吧可能更恰当），然后听着人们的各种吐槽，不管他们是不是同一阵营。我已经迫不及待想赶紧找一天跳进这个泳池，或者拉过一把吧椅坐下，听听这些有趣的讨论了。

酒瓶背面的那些故事

曾几何时，到也不是太久以前，葡萄酒背后的标签会把你所需要知道的关于这瓶酒的事都告诉你。比如会有异常广泛的配餐建议（"建议搭配意大利面、鸡肉、牛肉和鱼类"）。还可能会有一些轶事趣闻故事（"很多年后我找遍了全世界，终于发现了这片葡萄园"或"我从我曾伯祖母那继承了它"）。

通常，还能看到一些葡萄酒制作过程的信息或是提及起到关键作用的橡木桶。毕竟，酒桶通常都很昂贵，尤其是法国橡木桶，所以你能看到这部分字体会尽量放大或想方设法变得醒目一些（这也有可能是制造方提示你价格的一种方式）。有时候也能看到一些额外的注解，如"这瓶葡萄酒经六个月/一年/十年贮藏于初次使用的法国橡木桶中。"

还可能发现标签上会用一些词汇来美化酿造师，比如"精心""钟爱"，甚至"明智"。还有些时候，背后的标签上甚至会提及酒庄庄园狗的名字，或是称呼它们庄园犬更好。怎么会有人狠得下心，拒绝去买一瓶有着如此可爱狗狗的酒庄出产的葡萄酒呢？

地图也偶尔会出现，尤其是加州的一些酒庄愿意把地图放上去（事实上，一些加州的酒庄地处十分著名的产区，比如索诺玛或是纳帕谷。我怀疑这些地图只是为了炫耀自己的地理产区而不是真要把位置指引给顾客）。

但现如今，以上提到的内容已经很少出现在酒瓶的背面了。可悲的是，现在的内容大多既不浪漫，又缺乏亲切感，甚至都不提示适合的食品搭配信息。取而代之的是葡萄酒进口或分销商的名字，甚至是选择引进这些葡萄酒的人的名字——其中一些人竟然能斗胆把他们的名字印到酒的正面："一款由某某人选择的酒"（我并不想真列出名字来让这些进口商难堪，但你们自己心知肚明）。

这些男人的名字出现在酒瓶背后是他们对自己成就的标注，见证了他们的历史甚至彰显了他们的哲学观念（是的，事实上，写名字的都是男人，女性进口商一定是更加谦逊）。因此，没有了配餐建议、酒桶信息、地图，而且庄园犬也几乎再没出现过。我必须承认，有些进口商确实在进口和选酒上有不凡的品味，但作为一个爱狗人士和喜欢看地图的人，我仍然认为这些内容的消失是一种损失。

盲品

葡萄酒在很多方面给人以晦涩高深的感觉，其中最神秘却可能最没什么用的就要数盲品了。不少葡萄酒专家把盲品看作判断葡萄酒质量的理想方式，因为这种方式可以免除酒标带来的偏见，但不得不说，如果想羞辱酒友取乐，盲品也不会让你失望。

事实上，想要成功羞辱专家，盲品也是非常有效的途径。我个人就经历过羞辱与被羞辱。我用盲品成功算计了一些著名的侍酒师，然后他们又都报复了回来。如果你想搞事情，好消息是很多不同葡萄酒品起来都很相似。比如，华盛顿州的梅洛喝起来和纳帕谷赤霞珠差不多。新西兰的长相思（Sauvignon Blanc）和桑塞尔（Sancerre）口感相近，甚至和绿维特利纳（Grüner Veltliner）与灰皮诺（Pinot Grigio）也容易分不清楚（没错，我已经用上面这些酒捉弄了不少朋友）。

这类很难分辨的葡萄酒我还能继续列个不停，但我觉得在这儿还是把盲品的过程和它理论上的功能作用介绍给大家才是正理。

盲品的"盲"指的是我们把瓶子上的酒标挡住，甚至连整个瓶子都要遮住——大多数情况是用布盖住或是装在一个棕色的牛皮纸口袋里。瓶子一定要挡住，因为瓶子的形状很多时候能够提供有价值的线索。比如说，勃艮第（Burgundy）

的酒瓶一般形体比较圆润，瓶肩较窄，瓶形较圆，从瓶颈向下至瓶身逐渐膨胀，里面一般装有勃艮第产区葡萄（黑皮诺和霞多丽）酿造的葡萄酒。波尔多酒瓶则更加平直，更偏于长方体状，一般装有赤霞珠和梅洛的混酿或是其他葡萄酿造的酒液。而细窄的雷司令（Riesling）酒瓶经常装入果香浓郁的琼瑶浆（Gewürztraminer）和雷司令（当然，一些葡萄酒制造者并不按常理出牌，有可能把波尔多风格的葡萄酒放入勃艮第型酒瓶中，所以酒瓶也完全有可能会误导你）。

大多数盲品活动都会提示参与者所品葡萄酒的大致范围。比如说，这次盲品可能包括纳帕谷的赤霞珠或是索诺玛俄罗斯河山谷的霞多丽。这种方式相比于完全无信息的盲品更有用一些，因为这能让盲品的人对相同类型的葡萄酒进行比对。

另一种盲品我们称之为双重盲品（double-blind tasting），参与者对即将品尝的酒一无所知，无论是葡萄品种、产区还是国家。我只参与过两次双重盲品，感觉还是挺疯狂可笑的，大家随机地对着那些酒一通观察，感觉更像是自由联想而不是真正的品酒。不知道什么原因，男士好像更热衷于盲品，可能是因为他们更加勇敢且乐于冒险。不过他们确实看起来更愿意去猜测杯中酒的真实身份。

猜测身份是盲品的重要部分，但从某些方面看，盲品更关键的是词汇、描绘的艺术，绝不单单是猜对喝的到底是什么酒。纪录片电影《侍酒师》（Somm）里有一个场景将盲品的真谛绝妙地演绎了出来。四个（男）侍酒师都在努力争取获得世界侍酒大师的头衔，他们正在进行盲品，并要求做出描述。之后他们每个人都几乎在迷茫混乱的状态下，口中接连蹦出一些看似毫无联系的词汇——干净的、年轻的、高强度的、一丝绵羊油的气息、橘子、柚子海绵状果皮、柠檬籽、青柠皮。

但这可能就是盲品真正有用的地方——扩展葡萄酒描绘的词汇量。这真是极其有用的技能，事实上，当你真正能更好地描绘一款酒，你就能更清楚地与葡萄酒零售商或是侍酒师沟通，让他们了解你到底喜欢什么样的葡萄酒。

事实上，我真想听到有人点酒时会像纪录片里的侍酒师一样描述，不提葡萄品种或产地名，只这样说："我想要一款酒，有一丝绵羊油的味道，带些橘子、柚子海绵状果皮、柠檬籽和青柠皮的气息，价格低于 55 美元。"

炫富的酒瓶

为什么有那么多的葡萄酒收藏者狂热地想炫耀他们的藏品呢？为什么他们想让其他人知道他们都拥有了哪些葡萄酒？为什么当他们看到网站上其他人的藏品，就感觉一定要回应回去以显示地位的对等？这自然少不了那些显得胜人一筹的数字和名字（一位收藏者说："我有两箱 1982 年的木桐酒庄的酒。"，对方回应道："我集齐了拉慕林从 1978 年来的每一款年份酒。"）。

我最近在镇子上参加一个开放看房会时遇到了一个葡萄酒收藏者。在中介介绍完我之后，那个收藏者几乎没记下我的名字，但当他发现我是一名葡萄酒作家后，马上建议我们应该去看看他的酒窖。没有太多的对话交流，更没有品尝藏品这样的好事，只是单纯去了看了看他这几十年成功积累的葡萄酒收藏。

接下来，就开始了他的单边对话，他开始讲起他收藏的故事以及他是如何得到这些葡萄酒的。"最开始我收集纳帕谷的赤霞珠，然后到波尔多，最终开始购买勃艮第。"他就像很多葡萄酒收藏者一样，说着标准的收藏轨迹，跟读剧本一样。他引用了一系列葡萄酒名，或稀有或昂贵，其实大多是既稀有又昂贵的。

我在这里充当的就是一个见证人的角色，不时地点点头、评论一下收藏者独特的洞察力和胆识，还有就是无限的财力。他们需要听众能时不时地附和一下，例如"太棒了""太厉害了"，或者赞叹"这肯定值很多钱吧"，这些话会让收藏者得到很大的满足感。

其实我那最后一句赞叹也是多余的，因为这种收藏者一般都会告诉我，他们到底在这瓶酒上花了多少钱，然后就是现在这瓶酒价值多少（或升值多少）。如果葡萄酒是应该被分享的东西，那这战利品仓库一般的酒窖也可以和分享有关。

有时候参观这种酒窖会包含一些葡萄酒的品尝，一些非常大方的收藏家喜欢让客人随意挑选他们想尝试的佳酿；更多的收藏家会指引你到酒窖的某个区域，让你可以从稍微便宜的酒里挑选；而有些收藏家就只让参观而已。

无论是大方的、小气的或是两者之间的收藏者，他们似乎和其他领域的收藏者都不太一样，比如那些购入高档鞋和奢华手包的收藏者。我认识一些女性收藏了不少高端的鞋子和包包，但我从没听她们对我（尤其是对陌生人）说："你一定要来看看我的衣帽间，我有很棒的古驰和路易威登。"我也没听有人细述过他们的收藏是如何从暇步士一路进阶到莫罗·伯拉尼克（Manolo Blahnik）的。

可能是因为鞋和手包能穿戴在身上，所以别人能看到。你总不能扛着一箱木桶在肩上出去散步吧。或者可能最好的解释是，葡萄酒收藏家本质上都爱社交，有一些非常慷慨，他们乐于去分享他们的财富。

谁都不要动我的奶酪

在世界上所有的餐酒搭配中，奶酪和葡萄酒可以说是出镜率最高、最受人喜爱和最常被提及的组合了。其他搭配也许更能激起人们的兴趣和关注，但只有奶酪和葡萄酒之间才是真爱。

到底这个组合有什么特别之处让他们备受瞩目？难道是奶酪确实比世界上其他的食物都有趣？还是因为奶酪有成百上千甚至成千上万的品种，以及在全世界广泛分布？换句话说，这是不是也算是数学带来的吸引力，要知道，成千上万的奶酪和几十万种的葡萄酒会有多少种组合呀！

我喜欢奶酪，也喜欢葡萄酒，有时候也喜欢把它们放在一起享用——不过我倒是没过多地想过这事（也许是因为我数学太差？）我从来不会费脑子思考长相思是应该配硬奶酪还是软奶酪，是搭绵羊奶酪还是山羊奶酪。

对于像我这样的人，一个经常被提到的简单可靠的解决方式就是把同一产地的葡萄酒和奶酪放在一起。比如，桑塞尔和山羊奶酪来自于同一产地（法国卢瓦尔河谷），这个组合在一起非常完美。还有其他类似的例子——出产于意大利艾米利亚－罗马涅的帕马森干酪和同区域的红色起泡酒（蓝布鲁斯科 Lambrusco）非常搭。

但要是奶酪没有对应的葡萄酒该怎么办？比如说，美国佛蒙特州的车达奶酪配什么好？我觉得一个专业的奶酪专家应该比我更有见地，所以我把这个问题抛给了一个纽约的年轻奶酪商，这个名叫安妮·赛克斯比（Anne Saxelby）的姑娘的店里堆放着满满的奶酪，她更是对奶酪充满了激情。赛克斯比女士给出了什么搭配原则呢？

结果，赛克斯比女士也是深信葡萄酒奶酪同地理搭配的原则。她在邮件里回复道："如果两个产品来源于同一个地方，那它们应该就会很适合搭配在一起。"尽管她也承认有时候这也有难度，比如佛蒙特州。但如果是这种情况，她说她相信一个更加无序的"原则"——开心就好。

这个建议即使像我这样的数学学渣也能轻松掌握。而如果确有某种奶酪和葡萄酒搭配起来特别难吃，那也就开心不起来了，所以我觉得有必要再加上一条建议：要是出现搭配失败的情况，记住，你一定要首先放弃奶酪，而不是葡萄酒。

追赶泡泡的浪潮

现如今越来越多的人开始饮用起泡酒，也有越来越多的人酿造起泡酒，起泡酒的生产和消费均达到了历史上的高峰。我没有具体的数据来证明，但起泡酒的销售绝对是上升了，而且幅度不小。

而且这是全球范围内的现象。意大利的普罗赛克（Prosecco）和莫斯卡托（Moscato）取得了巨大的成功，甚至艾米利亚－罗马涅的红色起泡酒蓝布鲁斯科（Lambrusco）也迎来了复兴。意大利伦巴第（Lombardy）的弗朗齐亚柯达（Franciacorta）产区也生产高品质的起泡酒，此地区的起泡酒价格和香槟齐平，他们的葡萄酒制造者认为自己的起泡酒足以和香槟媲美。

在西班牙，巴塞罗那附近的佩内德斯（Penedès）盛产卡瓦（Cava）起泡酒，掀起了名副其实的"起泡酒风暴"。全球很多国家都有了以生产起泡酒而著名的产区：奥地利、德国、阿根廷、新西兰和巴西（巴西葡萄酒制造商对于起泡酒十分看重，起泡酒已经成为巴西出口的旗舰产品）。

当然，这也少不了美国。美国很多地区都生产起泡酒，这些起泡酒不仅由各种贵族品种（或称为国际性品种）酿造，也使用其他葡萄品种。法国也制造起泡酒，香槟区以外的每一个区域都生产自己本地葡萄酒的起泡酒版本，甚至包括著名的波尔多产区。

那这股潮流的兴起原因是什么呢？是世界各地的葡萄酒购买者都寻找更多理由来庆祝什么，以至于引起起泡酒的热销？或是大家终于发现，原来起泡酒特别适合佐餐（桃红起泡酒尤其适合佐餐，因为它本身就具有双重优点，即拥有一些红葡萄酒的酒体和白葡萄酒的果香）。

美国的葡萄酒消费者逐渐对起泡酒产生了好感。事实上，2012 年起泡酒的销售额到达了 1987 年以来的最高峰。1987 年正是美国股票市场发生历史上第二大严重崩盘的一年（香槟的销售也是从美国股市的第一次崩盘后由高位走低的，也就是美国经济大萧条时期；香槟曾经是好莱坞名星的最爱）。

起泡酒的销量增长让人震惊，他们有没有可能创造历史，超越其他葡萄酒品类而成为行业领头羊呢？只有时间能给我们答案。但同时，趁现在我们身边着实不乏优质的起泡酒，我们理应抓住这个大好时机，把起泡洒喝起来。

喝了它还是存起来

　　我买葡萄酒，喝葡萄酒，但我并不收藏葡萄酒。我更像是个囤积者而不是收藏者。但有时候当我随意扫一眼堆放在那里的好几百个酒瓶，我惊讶地发现也许自己在不经意间已经完成了某种收藏。

　　收藏和囤积还是有本质区别的，首先目的就不同。收藏者在购买时头脑中已经有了明确的意图，他们并不只是要求好喝而已，而是经常包括金钱收益上的考虑，因为大多数有收藏价值的葡萄酒是随时间的推移而升值的。一些收藏者会首要考虑升值因素。他们可能都不会想要真地喝了这些酒，而只是想放在手中等它们升值翻个 10 倍 20 倍，然后等市场好时再出手。

　　近年来出现的一批葡萄酒基金（主要在伦敦）正是在这种收藏者的需求之下而诞生的。葡萄酒基金经理们就像其他基金一样，只不过他们购买"蓝筹"的波尔多而不是公司股权。这是一个很吸引人的想法，但可惜，这些基金大多数都不挣钱。要知道，投资的主要目的就是盈利，所以这种公司很难长期存活。一瓶侯伯王酒庄（Château Haut-Brion）葡萄酒当然不错，但这并不意味着它能有苹果公司或者亚马逊的收益率。

　　葡萄酒收藏倒是能让饮用者总有一瓶陈年好酒在手边方便饮用——可这并不能保证饮用者能够猜到陈年葡萄酒的饮用鼎峰时间，并能在恰当的时机打开喝掉。我敢说太多的收藏者错过了最佳时机，等了过长的时间，而没有在最佳时间内饮用（即便很多非收藏者也会犯这样的错误，就像我的有些朋友把葡萄酒存放在楼梯下面）。还有个问题，就是这些葡萄酒到底会不会随时间变得更好，因为世界上只有非常小的一部分葡萄酒口感会随时间而提升。

　　葡萄酒收藏还由贮藏设施的类型决定。葡萄酒不能被称为"收藏"，除非它们被存放在适当的地方。这一般指温度恒定且可控的仓库、酒窖或洞穴。在我的地下室有两个温控的单元，但我也把一些葡萄酒随意放在酒架上。这些酒架也在同样凉爽、黑暗的地下室，但它们并不是存放在符合收藏者标准的环境下。这种环境下存放的葡萄酒只有葡萄酒囤积者会满意（没有一间拍卖行会购入那些没有被妥善存放的私人收藏）。

　　一个收藏者会有一个系统去追踪记录这些葡萄酒，无论是用计算机还是手写的清单。收藏者的清单是非常准确并且时时更新的；而囤积者就是拥有一堆酒瓶，他时不时会抽出一瓶审视一番，不过也不能确定拿出的到底是黑皮诺还是赤霞珠。这就像是一个人的桌子上总是乱七八糟，而他却总说"我十分清楚我所有的东西都在哪儿"。囤积者的酒窖就是对应的葡萄酒版的乱桌子。

　　葡萄酒囤积者也很少关注酒评家的打分。而收藏者则需要随时了解葡萄酒酒评家的想法，因为要考虑再转卖时的价值。囤积者往往有疯狂的热情去买那些理论上好像说不通的葡萄酒。他们可能会爱上意大利的西万尼（Sylvaner）或是加州的白诗南（Chenin Blancs）甚至是新泽西的果酒，这些酒在世界上的地位似乎完全没在他们的考虑范围之内。但不管是葡萄酒收藏者也好，囤积者也罢，有一件事情他们都知道如何去做——喝。

许个香槟的愿望

　　什么是真正衡量名望的方法？在电视节目中做主角？看到自己的脸印在早餐麦片的包装盒上？我认为是当你发现你的名字已经变成了一个形容词。比如，西格蒙德·弗洛伊德（Sigmund Freud）。大家应该都听过犯了一个弗洛伊德口误[①]这个表达吧。

　　在葡萄酒领域只有一种酒已经在全世界范围内被广泛当作形容词使用。有谁会不知道什么是享受着香槟式的生活方式或是拥有"香槟品味"吗？更别说还有香槟色的礼服（广受新娘和伴娘喜欢的颜色）。

　　没有其他任何一种葡萄酒能像这种来自于法国的伟大起泡酒一样引起人们的深度共鸣。但这是为什么呢？到底是什么让香槟脱颖而出，同时受到严肃收藏者和普通饮用者的厚爱呢？

　　这个问题的答案可长可短。简短版的答案是香槟是独一无二的，世界上有众多其他类型的起泡酒，有些甚至用了和香槟同样的方法酿造，但还是没有谁能像香槟一样出色。而加长版的答案，正如你可能已经猜到的，正是基于前面的事实，香槟制造者也欣然提供一长串的原因来解释他们的起泡酒如何高人一等。我会在下文中列出一些原因。

　　一个重要的原因是和香槟的产地有关。香槟产区靠近法国的北端，离巴黎不到两小时的车程。香槟区有独特的白色白垩土壤，严酷的土壤环境让葡萄的成熟变得尤其困难（香槟产区的葡萄品种基本固定在三种——霞多丽、黑皮诺和莫尼耶皮诺（Pinot Meunier）——尽管技术上来说其他品种也是可以的）。

　　如果这是在一个非起泡酒的产区，比如勃艮第（它的邻居），那么这种不够成

[①] 译者注：在日常生活中，人们往往会因为各种原因说错话，那些原本不是出自内心的话被称为"口误"。一般人从不重视口误，而弗洛伊德却非常有兴趣。他提醒我们，口误是非常有研究价值的。因为口误并非偶然，恰恰相反，口误的内容往往是内心深处真实想法的反映和写照。

和你聊聊葡萄酒

熟的葡萄就是个大问题。但实际上香槟却需要大量的酸度；如果这个地区更加温暖，那么葡萄的酸度是不会这么高的。

　　香槟的生产还需要很强的技术支持。这不光是种植葡萄、发酵然后装瓶的简单流程。除了常规的葡萄酒制作流程外，香槟还需要额外的复杂步骤。比如葡萄酒的混合调配，引入二次发酵，把气体困在瓶中（让葡萄酒起泡），然后还要一段特定的时间——有时候是几年或是甚至几十年（这可不是普罗赛克起泡酒的制造商想要或是负担得起的）。

　　即使制作香槟的工艺如此繁复，它的样貌却比味道更加重要。也就是说，香槟的包装和名字能决定它的成败。人们经常把凯歌香槟（Veuve Clicquot）称为橙标香槟，也熟知唐培里侬香槟王①的大名（酩悦旗下），别忘了还有那种叫"POP"的迷你小香槟（那是波马利香槟 Pommery 中的一款）。比其他任何葡萄酒更甚，香槟总能让那些爱它的人把它看作是一个品牌，而不仅仅是一种酒。

---

① 译者注：Dom Pérignon 是酩悦（Moët & Chandon）旗下最顶级的年份香槟，只有老葡萄藤的饱满葡萄才能拿来酿制此款香槟，以"香槟之父"唐培里侬 Dom Pérignon 修士的名字命名，俗称"香槟王"。

假酒疑云

老普林尼（Pliny the Elder）是古罗马著名的哲学家和政治家，但同时，他也可以说是鉴别葡萄酒假酒的行家。大约公元 70 年，他向身边的朋友们指出，其实他们所喝的 Falernian 白葡萄酒根本名不副实。根据老普林尼所说，那就是瓶假酒。就我所阅读的资料来看，虽然不是十分明确老普林尼是不是在对伪造暴怒的同时，也生气饮酒者对酒的盲目轻信，不过他的潜台词好像是说贵族就不应该还需要置疑酒的真假。

几千年过去了，这种状况也几乎没什么改变。富人还是要担心假酒的事情，只不过不再是由哲学家来主持正义，而是雇佣高级律师来打昂贵的官司。过去几年，有两个最大的假酒诈骗案，一个是亿万富翁比尔·科克（Bill Koch）案件，另一个是假冒的百万富翁鲁迪·科尼万（Rudy Kurniawan）案件。后者购买了价格不菲的葡萄酒，进而制作和销售假酒。

在科克先生的案子中，他发现自己收藏的很多天价的葡萄酒都是假酒，其中包括一瓶 1864 年的拉图（Château Latour）。他把卖给他葡萄酒的拍卖行和私人收藏者告上了法庭，7 年之后，他终于赢得了 1200 万美元的赔偿，但事实上，最后他只拿回了不到 100 万美元的损失补偿。

而对于科尼万先生来说，最重要的是搞清楚如何让自己进入富人的圈子。尽管他已经成功地把自己塑造成了一个真正的葡萄酒收藏家的形象，但他还是意识到如果能想办法自己造假酒，这能给他带来无比可观的收益并结识更多的朋友。所以他手工制作并售出了大量"珍稀"的假冒勃艮第和波尔多葡萄酒。

以上还仅仅是两个大案，假酒其实哪里都有，天天都有，而且不光只有罕见和昂贵的酒才有假货。假酒丑闻里还包括博若莱（Beaujolais），还有嘉露集团（Gallo）的假黑皮诺（一个叫小红自行车 Red Bicyclette 的品牌被发现原来以梅洛和西拉冒名顶替）。然后，当然还得说到 20 世纪 80 年代奥地利臭名昭著的所谓"防冻事件"。当时一些人不择手段地使用二甘醇（通常被用于防冻）来让葡萄酒

口感更甘甜，几乎闹出人命。这件丑闻致使奥地利葡萄酒的声誉一落千丈；但好在并没有真正导致饮酒者死亡。不过，这也算是一个例外，一般的假葡萄酒其实罕有如此危害，大多数也就是口感不佳而已。

世界上的其他地区也不乏丑闻：假布鲁奈罗（Brunello）、假香槟，当然还有葡萄酒投资骗局。只要有真酒，就会有假酒出现。只有一件事倒是发生了改变，那就是对造假者而言，他们好像更轻松了。曾几何时，如果葡萄酒诈骗极其恶劣，造假者会被打，有时候甚至会被处以绞刑，但现在呢？他们可能就只是简单地被要求赔偿一些罚金或是被关上个几年。等他们刑满出狱，他们可能还能找个葡萄酒拍卖行估价师的工作或是报名个葡萄酒酿造学校。谁又能比曾经"制作"过这些名贵葡萄酒的人更了解这些葡萄酒的价值和特点呢？

请你喝杯招牌酒

你家的招牌酒怎么样？这个问题现在好像都没人再问了。不光是在餐厅，在哪儿都一样。现在大家看起来都不再有存放招牌酒或店酒的习惯了。我认识的人里，只有一个人曾经给我拿出一杯家里的常备"招牌酒"，而且在我印象中，我只从酒单上点过一次店酒。

有人觉得这个变化应该是个好事。店酒这东西，毕竟是过去餐厅常用来应对以往人们对于葡萄酒的陌生和恐慌的方式。以前很多人就只是想来一杯随便什么的红葡萄酒或白葡萄酒——最好是来自于听起来就有品质保证的国家，比如法国。

提供店酒是餐厅挣钱的一个非常好的方式，反正酒的品牌是匿名的，餐厅要是想提价个上千倍也不是不可以。如果大家连酒是什么名字都不知道，当然没人能知道这酒到底值多少钱，店酒曾经给餐厅带来过巨大的收入。现在大多数的餐厅都提供按杯销售的葡萄酒（和特调鸡尾酒），因为人们现在已经对葡萄酒有了更多的了解，进而想要更多的选择。这些葡萄酒普遍也是价格被抬得很高，所以餐厅还是能挣到不少。

但是这种店酒或是招牌酒的理念有一点让我特别怀念：它十分个性化，一款酒就真实代表了一个人和一个地方。我认识的一个家里有招牌酒的人就是我的姐妹 Arian。她家里的招牌酒是金凯福（Kim Crawford）的长相思，一种新西兰的白葡萄酒。其实她家里算有两种招牌酒，因为她的丈夫 Joe 的招牌酒是蓝仙姑（Blue Nun），一种 20 世纪 70 年代风靡一时的白葡萄酒。Joe 把成箱成箱的蓝仙姑存放在食品储存室里，好像生怕哪天这酒就停产了一样。

我知道无论什么时候我去她家拜访，这两种酒肯定会在，而且几乎只有这两种。蓝仙姑我不想多说什么（我试过几次，感觉这酒实在太甜了）；而金凯福的品质倒是有保障，即使没有好到令人兴奋，倒也十分清爽、清新，价格也适中，大概不到 15 美元一瓶。

这些葡萄酒年复一年的口味都不变，而 Arian 也很喜欢这种可靠的感觉。毕

和你聊聊葡萄酒

竟，生活中不可靠的变数太多了，她喜欢这种可以依赖的东西，即便只是一杯葡萄酒。如果我带过去一些其他葡萄酒，她倒也愿意尝试，而且很多时候她也很喜欢，但最后她总还会喝回她的招牌酒去。

膜拜酒的终结

　　曾几何时，也不是太久以前，美国加利福尼亚的葡萄酒制造商最明显的成功标志就是被盛赞酿造出了膜拜酒（Cult Wine）。膜拜酒这个词最早是专门用来形容一些特定的纳帕谷的赤霞珠，但很快，世界上一些受人追捧的葡萄酒也开始被称为膜拜酒。

　　一款纳帕谷的赤霞珠要想被称为膜拜酒，一定要符合几大核心标准。首先要产量稀少，最好不要超过 1000 箱。葡萄一定要极端成熟且葡萄酒特征明显（事实上这些描述是一定要出现在葡萄酒酿造者的品鉴记录上的）。而且葡萄酒酿造师不论男女都要十分有名望，他们不说给全世界众多酒庄充当顾问，也要给整个纳帕谷的酒庄做过咨询，而且费用一定够多，怎么也要收个 6 位数。其次这个酒庄的拥有者还一定得是个权贵或富豪什么的，最好背景与葡萄酒世界无关，比如科技业或是银行业，这种背景适合膜拜酒公关用来大书特书一翻。而且这个巨头还不能太羞涩，要用自己的名字为膜拜酒冠名代言，然后贴上一个三位数的价签。最后的标准是酒评家要给出极高的分数，膜拜酒都必须得到权威酒评人的认可，最好得到至少 96 分的高分，绝对不能低于这个分数（要不是几近完美的酒，怎么能获得膜拜呢，对吧？）

　　膜拜酒的商业模式出现不久就得到了其他葡萄酒制造者的青睐，大家纷纷模仿，于是乎出现了黑皮诺"膜拜酒"、霞多丽"膜拜酒"，甚至雷司令"膜拜酒"。各种葡萄品种的膜拜酒出现在了世界上的不同地区。突然间，仿佛出现密斯卡岱（Muscadet）膜拜酒这事也不是完全不可能或是听起来那么荒谬的了。

　　但似乎没有人停下来问问为什么饮酒之人（和葡萄酒制造者以及葡萄酒推广公关们）、为什么任何人会想要饮用、想要制作或想要推广一些值得让人膜拜的东西？

　　毕竟，膜拜这个词包含"对特定人或事物有组织地崇拜"的意义，这在一个"正常"世界里听起来很不健康。我怀疑即便是最狂热的葡萄酒行家也难以相信一款葡萄酒真的值得敬仰，更别说无条件地崇拜。尽管我也非常喜欢一瓶优质的赤霞珠或是霞多丽，甚至是密斯卡岱，可我也不想去神化它。

不过令人高兴的是，膜拜酒的时代似乎已经远去了。当一个词被滥用的时候，这种结局也是意料中的事。这些被指值得膜拜的葡萄酒已经是一种商业现象，这些被称为膜拜酒的葡萄酒品种包括一些经常被提到的纳帕谷的赤霞珠，比如稻草人酒庄（Scarecrow）和啸鹰酒庄（Screaming Eagle），也包含香槟王一类的葡萄酒，这些酒我在杂货店都见到过。再或者当葡萄酒制造商在分类广告里用"膜拜酒制造者"来宣传自己的时候，膜拜酒的时代就真的快到头了。

足够天然了吗

在当今葡萄酒圈，有一个表面上看起来很正面的形容词引起了广泛而激烈的争议，这个词就是 natural，可以翻译为自然、天然或是原生态。每每用这个词来形容葡萄酒或是它的酿造商，总能引发人身攻击和激烈的辩论。

天然酒的概念公认起源于几十年前。大约 20 世纪 60 年代的时候，博若莱有一位名叫 Jules Chauvet 的先生，这位先生是一名化学家、贸易商和酿酒师，生于 1907 年，逝于 1989 年。他公开拥护没有杀虫剂、不用合成肥料、不添加硫或是人工培养酵母的葡萄酒酿造方法，他也启发了众多的酿酒师跟随他的脚步制造天然葡萄酒。

这些天然葡萄酒的拥护者包括冉冉升起的酿酒师新星 Marcel Lapierre 和 Jean Foillard，他们制造的葡萄酒赢得了不少关注和赞赏。渐渐地，天然葡萄酒的哲学开始向法国的其他地区蔓延，最终传遍全世界。估计现在每一个葡萄酒产区都至少会有一个酿酒师声称自己酿造的是天然葡萄酒。

这可能就是天然葡萄酒和酿酒师的最大问题——所有关于天然的一切都是自称的，而每个人对于天然的定义又是不同的。天然葡萄酒与有机法酒或是生物动力法酒也是不同，那些酒是有特定的常规惯例的。拿有机法酒来说，是有政府部门认证的。而天然葡萄酒感觉上是个弹性设计，没有什么是一定的，或者说至少没有公认的标准。有时候，天然葡萄酒似乎只是对事实的个别性解释。

这些事实包括葡萄酒是如何被制造出来的。如果一款酒的制作方式被天然葡萄酒的支持者认为有"操纵"的痕迹（操纵可是谈到天然酒的热词），那么就会被评论家说成是"非天然"的。但这种操纵又是从何时何地开始或是结束的呢？谁又能真正判断到底操作与否的界定在哪里呢？

这种操纵是不是从葡萄园就开始了，比如摘下了几片绿叶子（为了促进浆果的生长）或是灌溉？如果土地天然就很干，那是不是就应该让葡萄藤自己挣扎？浇水是不是也是一种操纵？

　　或者操纵与否是不是只从酿酒厂才开始算数，例如决定是不是要移除一些酒精或是添加额外的糖（称为"加糖"技术；这在有些地区合法，有些则不行）。那如果一款酒喝起来有杂草味或是感觉果实不够成熟怎么办？那酿酒师应该让它保持这种自然但口感欠佳的状态吗？或者一款酒特别的柔弱易坏，那酿酒师应不应该加一些硫防止它氧化，还是就让它放在那里变质？

　　有人宣称"无添加，不去除"的葡萄酒就是天然的。这听起来非常简单，也很吸引人，算得上朗朗上口（天然酒的支持者特别善于做标语喊口号）。但葡萄酒的口感怎么办？这难道不是最重要的吗？如果对葡萄酒进行一些操作，它的口感是不是能更好呢（更不用说其实葡萄酒不可能不用操作自己就能制作出来）？

　　说实话，提到葡萄酒，我最关心的还是酒带给我的愉悦感，而不是天然与否。这酒是不是酿得好，能带给我口感上的享受呢？如果采用极少的干涉就能做到当然最好，但如果酿酒师为了打造更好的口感，或是防止错误的发生而采取一些小举措（比如加一点硫保证酒不在运往我家的途中就坏掉），那我也觉得完全没有问题。

　　我认为，Arnaud Tronche 作为纽约葡萄酒酒吧、Racines NY 餐厅（很多天然葡萄酒粉丝所爱之地）的合伙人兼酒水总监，对于天然葡萄酒有着完全正确的态度。说到天然葡萄酒，他尤其推崇用心专注的酿酒师。他说，有些酒是非常天然的，而另外有些酒则是"足够天然的"。

你的味觉如何

一个葡萄酒行家给另一个酒鉴赏家最高的赞美之一，就是称他拥有超级好的味觉。也就是说，一个人，他能分辨出赤霞珠和梅洛不同的质感，知道 Trousseau 这个词不仅仅是嫁妆的意思，也是法国汝拉（Jura）产区的一种红葡萄品种，他也能辨别出一款波尔多是 1989 年还是 1990 年的年份酒，这个人就可以被人羡慕地说拥有超级好的味觉，或者被称为是一个味觉大师。

味觉严格来说是生理上（上颚、味蕾和鼻子）的概念，但它也代表了一定水平的葡萄酒知识、教养和一些难以言表的东西。它是葡萄酒爱好者一直努力去开发和改善的东西。甚至有不少课程或研讨会来解释如何能更好地提高味觉。

对于一般的葡萄酒爱好者来说，这是非常好的消息。即使你现在味觉不够好，也并不意味着你的味觉不能得到提高。只要依照几个步骤。第一点最容易——观察葡萄酒。这听起来非常容易，但大多数人并不会多看葡萄酒几眼。如果你稍作注视，停一停，观察一下酒的颜色、清澈度和黏度（比如是稠还是清？），你就开始像个味蕾大师一样品酒了。

下一步就是闻——在杯中有目的地闻一下，不要持续太长时间，几秒就够，这就能足以让你判断酒是好还是有缺陷。闻起来是什么味道呢？红色水果？黑色水果？苹果和香料味？还是落水狗的味道或报纸的气味？（如果是最后两种味道，这酒可能已经受到软木塞污染了。）

第三步是最让人享受的——品尝。品尝酒的时候，最好让酒在口腔中旋转，大多数情况下能够进一步确认你已经看到和闻到的，同时，你也能品尝到葡萄酒的质感和酒体轻重。

接下来就是整体评判的时候了，也就是说，要把几个步骤的结论放在一起。这款酒从质量上看，到底其他相似的葡萄酒谁优谁劣呢（一个味觉大师好像有源源不断的相似葡萄酒来对比参照，不管是品鉴过的还是阅读过的，他们要把这些都记下来，即便是用传统的方法，也就是在本子上记下笔记）？

还有一个错误是真正的味觉大师绝对不会犯的，也就是写错别字。我都数不清有多少次，有人把味觉（palate）写成"调色板（palette）"，甚至更糟，写成"托盘（pallet）"。难道他们真想用调色板或是叉车上的运货板来称赞和形容什么人吗？

橙葡萄酒的衰败

　　总有一天——希望是不远的将来——当葡萄酒饮用者回看我们现在这一段葡萄酒发展历史时，会感到唏嘘和惊叹。惊叹的是我们竟然在全世界能拥有如此多高品质的葡萄酒可选择；而唏嘘的是，我们已经有了如此丰富的葡萄酒，竟然还会有人来制造和饮用橙葡萄酒。

　　如果阅读到这里的你符合以下几种情况，我得说，你是幸运的。你可能从没发现或了解什么是橙葡萄酒，或者你的侍酒师并没有强行推荐你品尝过橙葡萄酒，再或者当你读到这一页的时候，"橙色风潮"已经褪去。

　　橙葡萄酒的兴起大概出现在 20 年前（尽管它实际上在很久以前就存在）。现代橙葡萄酒的创始人大多认为是酿酒师 Josko Gravner，他来自与斯洛文尼亚接壤的意大利的弗留利（Friuli）地区。这位先生以前一直酿造传统的白葡萄酒，但后来他对这种墨守成规的东西感到有些厌烦，于是在 20 世纪 90 年代，他决定开始用"古法"制酒，也就是用陶土容器发酵、浸渍带有果皮的白葡萄制酒。

　　就因为带皮的原因，这种酒看起来更像是橙色的而不是白葡萄酒的颜色，这就引起了众多葡萄酒专家的注意，尤其是侍酒师的关注，当然，也吸引了一大票酿酒师粉丝。有一些酿酒师，尤其是在格鲁吉亚，其实很早以前就有酿造他们自己的橙葡萄酒的传统。在有些地方（比如长岛），有的酿酒师也尝试开发他们自己的独特版本。

　　橙葡萄酒既不像白葡萄酒，也不像红葡萄酒，但可能更偏向红葡萄酒一些。它们有单宁，而且有时候有一点苦，这都取决于果皮与葡萄汁接触时间的长短。侍酒师们喜欢橙葡萄酒，因为他们认为橙葡萄酒和各种食物都搭，当然，几乎没有"普通葡萄酒饮用者"了解这种酒，所以他们需要这些侍酒师来作些解释。

　　橙葡萄酒中的单宁意味着它们能与更丰盛、厚重的食物搭配，甚至是肉类。事实上，很多葡萄酒专家对待橙葡萄酒就像对待红葡萄酒一样，按照酒窖室温饮用。有的葡萄酒酒单上会把橙葡萄酒单独列一个区域标出来，有不少葡萄酒爱好者曾经和我说，当他们看到这酒单上的名字，以为橙葡萄酒就是酒里加了水果。

　　但这些侍酒师推荐的所谓优点却是我最反感的。我喜欢白葡萄酒清爽、清新的口感，完全没有纠缠不清、不爽快的口感。我喜欢我的葡萄酒不论红、白都是新鲜的，而不是氧化了的。虽然这显得我好像很无趣且没有创造力，但我希望有一天这种酒淡出人们视野的时候，大家会说我这个人可真有先见之明。

如何对待你：我剩下的葡萄酒

一些有关葡萄酒的难题其实不全是葡萄酒本身的问题，而仅仅是一些两难选择，比如关于剩葡萄酒的困惑。如果葡萄酒喝不完，剩下的要怎么处理？这个问题我经常被问到，虽然我自己很少需要面对这个难题。

剩下的葡萄酒听起来有种被嫌弃的感觉，因为大家都没有足够的胃口或是欲望去把它喝掉。喝不完是因为不够诱人还是因为一瓶确实太多喝不了呢？那应该怎么做才能让瓶子里剩下的酒较好地保存下来以备某天再次享用呢？

大多数人会随便把酒塞塞回去然后放到一边——比如厨房台面是剩酒最常见的地方。还有一些人更讲究一点儿，他们会把剩下的葡萄酒放进冰箱里保存，这样会好一些，即便是红葡萄酒，低温也能防止酒的快速变质（葡萄酒放在冰箱里一般都能存放几天，如果瓶口是螺丝帽的那种能保存更久，因为能保证里面几乎是密闭环境）。

另外一个技巧是把葡萄酒转移到一个更小的瓶子里。这样做是为了降低瓶子里的含氧比例（大多数的剩酒都不到原瓶一半的量）。

还有一些新奇的方法，比如往瓶子中打入氮气，这样能用保护性气体把酒"盖住"。如果你觉得这个方法引起了你的兴趣，你也愿意尝试，你就不用再接着读我后面写的部分了。

如果剩酒第二天还不能喝完的话，我觉得把葡萄酒冷冻起来着实是个不错的选择。（比如可能你要离开家一段时间？）这个小窍门是我很多年前从一个葡萄酒作家（已故）那儿学来的，用这种方法保存酒相当不错。

我知道很多人认为把剩葡萄酒用掉的最好方式就是把它当作原料用在其他的地方——比如用来制作桑格里亚酒（Sangria），但这有点像是用剩面包做法国吐司。用剩下的葡萄酒制作沙拉汁也是很赞的，还有用来给烤鸡上浆汁也是我喜欢的与料理相关的剩酒用途。但我个人最常使用且极其便捷的是以下这种方式：我居住的地方周围有大量的葡萄酒爱好者，如果我剩下了至少半瓶好酒，我就会遛达到我的邻居家，他们乐意帮我解决掉，所以我的剩酒最多几分钟就能喝完。

聊聊软木塞

　　小小一枚酒塞，却对葡萄酒的一生都至关重要——过去、现在和将来。仅有几盎司的软木物质隔挡着美妙的葡萄酒和它的最终归宿。氧气是葡萄酒的敌人，软木塞要负责把氧气隔绝在外，同时也要保证酒不外撒。

　　葡萄酒用软木塞密封的方法已经有很久的历史了，几百年来一直在葡萄酒世界有着重要的作用。虽然它也会有问题（木塞绝不是万无一失的，但也还算可靠），但是相比以前也算是有明显的提升。比如说，罗马人曾经把破布浸油来用（我希望我能找到600年前的品鉴记录，看看破布塞的酒到底是什么味道的）。

　　用软木塞密封在自然和生态上还是很合理的。一棵栓皮栎每9年才会被剥皮一次，而且如果对树林有害，是不会进行剥皮的（谁知道原来竟然有栓皮栎剥皮季这事）。

　　软木塞偶尔会受到污染，这也是人们描述软木塞或软木涂料时讨论的：软木塞本身被一种化学名很长的化合物（2,4,6-trichloroanisole）感染了，这种化合物可以让葡萄酒尝起来平淡无奇或是更糟，出现潮湿地下室的霉味或是落水狗的味道。一般来说，它是由软木塞在消毒清洗时接触到氯化物所致，但也会有其他途径造成污染。一瓶受到软木塞污染的酒并不危险——这种成分是不致命的，只是很影响饮用心情罢了。

在各种能够几乎完全隔绝空气的材质中，葡萄酒软木塞算是非常柔软的了。这种特质在用来密封香槟的软木塞上展现得最为淋漓尽致。香槟酒塞事实上由栓皮栎树皮的不同部位混合而成以增加强度。尽管开了瓶的香槟软木塞看起来就像是一个胖蘑菇，但实际上它之前的形状就和普通的葡萄酒塞一样呈圆柱形，后来形成蘑菇形其实是承受了瓶中巨大压力的结果（在香槟酒瓶中每平方英寸有高达90磅的压力），事实上瓶塞只塞入长度的一半，再用金属丝一类的东西扣住固定。

金属丝能防止软木塞自己弹出来——"弹"这个字用来形容这种压力的封口可能太过温柔了，毕竟它承受的压力与膨胀的公共汽车轮胎是一样的。用"喷射"来形容不够谨慎的开香槟行为可能更合适。网络上一直有人问这个问题："开启香槟酒塞的力量会不会致命？"答案并不能让人完全放心"可能不会——但可能会把你的眼球打出来。"很明显，软木塞还是很强大的，不管是好的方面还是坏的方面。

关于密封的争论

　　一个像新西兰那样小的国家好像没什么机会能影响整个世界。但有两件事，新西兰实际上对全球产生了绝对的影响——男子英式橄榄球和长相思葡萄酒。

　　新西兰人的第三个成就可能很少有人能觉察到：螺旋盖的使用。用金属帽拧在瓶口密封葡萄酒这事没有哪个地方能比新西兰接受得更彻底、更迅速，也更狂热。十多年前，新西兰的葡萄酒制造者已经开始高声宣扬此举的好处，试图让更多的酿酒商加入使用螺旋盖的阵营中来。

　　我记得第一次去新西兰大约是在千禧年的时候。我首先被问到的一个问题就是对螺旋盖的看法，到底是支持还是反对？每一个酿酒师都问我这件事，想知道我的答案。就好像宣布政治立场或声称对一个乐队的忠诚，只不过这个问题更加重要，也更带有个人观点。任何人要是迟疑片刻再说赞同就马上会被认为背叛了阵营。

　　可能给出一些背景知识会有一定帮助。"新西兰螺旋盖倡议"（The New Zealand Screwcap Initiative）创立于 2001 年，并渐渐在新西兰南北岛获得支持。现在，想在新西兰找到一瓶还用软木塞而不是螺旋盖的葡萄酒——不论是红葡萄酒还是白葡萄酒——几乎是不可能的了。

　　用螺旋盖来密封葡萄酒其实并不是新鲜事。这个东西已经出现超过半个世纪了——法国最先出现了螺旋盖——但并没有在高质量的葡萄酒制造商那里流行起来，这种情况一直到过去十年差不多才有所改变。早些年，用螺旋盖的葡萄酒几乎都是便宜货。至于螺旋盖——也有几种不同的种类——并不是特别吸引人的装置。但从 20 世纪 90 年代起，螺旋盖市场开始转变，螺旋盖自身的品质得到了提升。在 Jeffrey Grosset 的引领下，一批重视质量的澳大利亚葡萄酒制造商开始选用螺旋盖而弃用软木塞。

　　格罗斯其实是新西兰葡萄酒酿造者的领头人，他带头在克莱尔谷（Clare Valley）发起"澳大利亚螺旋盖倡议"（The Australian Screwcap Initiative），这也是他格罗斯酒庄的所在地。他吸引了一些澳大利亚本土的追随者，但他真正启发影响的却是新西兰人。

这些葡萄酒制造者推崇螺旋盖而不是软木塞的原因主要是避免软木塞污染（来源于一些软木塞中的化学成分）和零星氧化（软木塞会透入一些氧气，而螺旋盖是隔绝空气的），而且可以提供更长期的可靠密封。我个人（从非科学角度）担保这三点是可信的，我从来没喝过哪瓶用螺旋盖的酒有受到软木塞污染的味道（尽管有些葡萄酒受到软木塞污染是由于酒庄的关系，但这故事讲起来就长了），而且我个人感觉剩了半瓶的葡萄酒如果是螺旋盖的，明显比软木塞的能保存更长时间。

新西兰葡萄酒制造商的这场"螺旋盖战役"打得相当富有成效，从开始追求改变到现在仅十多年，螺旋盖已经占领了新西兰并逐渐被全世界接受起来——尤其是在一些国家，比如德国、奥地利、澳大利亚和美国。在这些国家中，一些顶级的葡萄酒也会选择用螺旋盖包装。

可能大家并没有把螺旋盖的兴起归功于新西兰人，这事儿远没有英式橄榄球和长相思葡萄酒那样让新西兰名声大振，但现在世界上多了那么多没有受到软木塞污染和氧化的葡萄酒，我们都应该感谢新西兰。

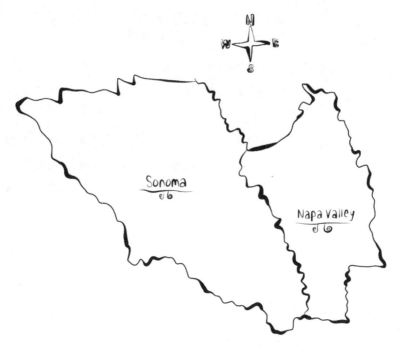

加利福尼亚分界线

如果在葡萄酒世界里有所谓像娱乐圈明星间那样的对决，估计最火热的对决就要数纳帕谷和索诺马的比拼了。这两个毗邻的加利福尼亚葡萄酒产区长久以来一直打着差异化战争——不论是现实中的还是人们意识中的。

来看看几点差异。索诺马面积非常大（1600 平方英里），而纳帕则相对小一些（800 英亩）。按葡萄品种来说，纳帕较专，索诺马较广。纳帕几乎全是赤霞珠，而索诺马几乎什么品种都有——霞多丽、黑皮诺、仙粉黛、长相思，也有赤霞珠。索诺马有很多富有的酒庄庄主，纳帕甚至有更多。

当然，其实这两个产区在实质上也有很多共同点。这两个地方的酒店都是那么昂贵，餐厅和纪念礼品店也是一样价高。连他们的公路交通也都让人抓狂。

那酒庄呢？在纳帕的品鉴室里，员工也好，游客也罢，他们的穿戴普遍高于美国人的平均水平。纳帕的品鉴室完全是景观和炫耀的感觉（对游客来说，而不是本地人），而索诺马的人们好像则更加低调一些。可能这就是为什么如果纳帕的居民想要"干点坏事"就爱往索诺马跑，这也是有一次听一个住在索诺马希尔兹堡（Healdsburg）的当地人和我讲的（她说这话的时候我们正撞见一个著名的酿酒师正在和一个女人吃饭，而这女人可并不是他老婆）。

纳帕和索诺马都有自己富有传奇色彩的英雄：纳帕有罗伯特·蒙大维（Robert Mondavi），他在葡萄酒世界创立了自己独特版本的"迪士尼乐园"，并让世界酒坛承认了纳帕的地位。索诺马有杰斯·杰克逊（Jess Jackson），他位于索诺马的肯德－杰克逊酒庄（Kendall-Jackson winery），出产美国极其畅销的霞多丽，让霞多丽进入了几乎每个美国人的杯中。

在众多的差异之中，两地最大的区别可能还在于风土（terroirs）——地形、气候、海拔和土壤。索诺马依山靠海，有红杉树和丘陵；纳帕则是个内陆地区（尽管纳帕也有一个风景秀丽的大湖，但好像却罕有游客到访）。

纳帕绵延伟岸的山脉有些有着美国印第安名字——比如梅亚卡玛斯山脉（Mayacamas Mountain range）、瓦卡山脉（Vaca mountain range），同时还有各种各样的山脉官方葡萄酒种植产区（AVAs），比如春山（Spring Mountain）、维德山（Mount Veeder）、钻石山（Diamond Mountain）。每个纳帕人都想拥有一片山上的葡萄园，不过既然是纳帕，我敢说他们干脆想拥有整座山。

可能最大的区别还在于这两地的人相互议论对方的时间长短。索诺马人乐于去解释为什么索诺马"并不像纳帕"，而纳帕人好像根本就不屑于提及索诺马。

形式与功能

爱酒之人谈论起好用的开瓶器就像大厨喜欢争论厨房顺手的刀具一样。作为基础而又关键的行业工具，开瓶器的设计非常简单，但真解释起来也颇为复杂。

我拥有好几十个开瓶器，但会拿起来反复使用的还是一把简单的拉吉奥乐（Laguiole）的侍者酒刀（waiter's corkscrew）[1]。这家法国公司的刀具也是品质不凡，他们全手工制造的开瓶器要价几百美元，被公认为是最好的开瓶器，不过他们也有相对便宜些的产品。侍者酒刀也被称为葡萄酒侍的朋友（waiter's friend），是大多数餐厅的标配。它小到可以装进（葡萄酒侍的）口袋，一般它上面会装备三样东西：一个小刀割箔纸，一个螺旋转杆刺入软木塞，还有一个杠杆撬起木塞将其拉出瓶口。侍者酒刀比那些类似胡桃钳一样的开瓶器好用多了，后者容易把软木塞拉破，但即便如此，我认识的好多人却还在用。

可能近年来最大的相关发明就是"兔子"了——也称黑兔子葡萄酒开瓶器。我觉得可能我会选择用"奇异新装置"这个有些古怪的词来称呼它，因为它看起来不像是用来起软木塞的，这笨重的黑黑的工具更像是一个卡钉枪。这个"兔子"的创造者声称他们的工具"用三秒钟即可拉起软木塞"，说得好像速度就是开葡萄酒的全部意义似的。用它开瓶可能是快，但这点不是很吸引人，也没有仪式感。

选对了开瓶器可不只是拉出软木塞那么简单，它能给使用者带来满足感，这是当人们真正使用制作精良的器具时才能体验到的满足感。使用手工开瓶器和劣质低价开瓶器的区别——或是和沉甸甸所谓新装置的区别——就好比开玛莎拉蒂和大卡车的区别。两者都能带你去想去的地方，但拉风气派的只有一个。

---

[1] 译者注：中文也称"海马刀"或"海马开瓶器"。

喝在品鉴室

或早或晚，几乎每个葡萄酒爱好者最终都会去葡萄酒庄的品鉴室。这不论对偶尔喝喝葡萄酒的人或是葡萄酒发烧友来说都好像是一个仪式。这种例行公事般的行为我一直不太理解。首先，我在品鉴室（其实我看应该叫饮酒室更合适）遇到的很多人已经喝过很多次这个酒庄的酒。他们正在品鉴或说正在饮用的酒和他们之前喝的没什么不同，只是量小得多。也不是舒舒服服地坐在家里喝，而是站在吧台边。

记得几年前的一次，我看到一位女士买了一整箱贝灵哲（Beringer）的白仙芬黛（White Zinfandel）。其实任何在便利店买过葡萄酒的人都知道，贝灵哲白仙芬黛可以说是在世界上任何地方都可以很容易买到的。但即便如此，这位品鉴葡萄酒的客人还是想买这款酒。

还有一种让人难受尴尬的可能性就是站在吧台后服务你品酒的人可能并不懂酒。他可能只能记住一些有关该酒庄的事实信息，还有就是确保倒酒的时候不要倒得太多。如果向这些人提出一些稍微广一点儿的问题，他们就会有些不知所措。他们只掌握了一些应该背会的事实性信息，比如这座酒庄的梅洛在桶陈酿多久或者霞多丽的葡萄园具体在什么位置。至于什么时间进行苹果酸-乳酸发酵或是赤霞珠葡萄原产于阿根廷还是法国这类问题，估计他们是答不上来的。

葡萄酒有时候并不是完全的重点——至少从销售角度来说——在一些商业化的品鉴室，事实上，葡萄酒的数量远没有 T 恤衫、零食、玻璃器具或纪念帽子来得多。大多数品鉴室看着就像机场礼品店似的，完全没有那种进行葡萄酒讨论或是饮用的氛围（小型或是精致的酒庄往往摒弃了零售小商品的形式，只专注卖酒）。

做酒庄品鉴商品销售的行业翘楚要数大导演弗朗西斯·福特·科波拉（Francis Ford Coppola）[①]的卢比孔庄园（Coppola Rubicon）了。在那里，人们能

---

① 译者注：著名美国导演，主要作品《教父》三部曲、《对话》以及《现代启示录》等。

买到各种和他的电影有关或无关的小玩意儿。大多数东西就是科波拉先生自己喜欢的，或是他的买手团队中意的，他实际上雇专门的人去寻找最新最酷的东西。几年前，他把所有电影纪念品和玩具这些东西都搬到了索诺马的酒庄去了。因为他不想让大家的关注重点从葡萄酒上移走，或者说至少在卢比孔这么"严肃正式"的葡萄酒庄园是不允许的。

但话说回来，我深知葡萄酒制造是昂贵的，葡萄园的维护费用更高。就像葡萄酒和饮料能帮助一家餐厅补贴一些精制美食的成本，这些帽子和毛绒玩具的收入也能帮酒庄修理维护一下装瓶作业线或是多种植一排霞多丽葡萄。这也就是我时不时还会给我先生再买一顶（印上酒庄标志的）棒球帽的原因。

苦难造就好酒

　　"逆境出人才"这句话适用于人，也同样适用于葡萄藤。藤蔓需要挣扎努力，酿酒师们这样说——他们总这样说，宣称"葡萄酒的制作绝对是从葡萄园就开始了"（这可以说是我最喜欢的假谦虚的陈词滥调了）；另一种说法则更加精妙生动："瘦巴巴的葡萄藤才能做出伟大的葡萄酒。"

　　一棵未经过多努力的葡萄藤酿造的葡萄酒会平淡无奇——就与生活过于安逸容易造就无用的人是一个道理。当一根藤蔓挣扎的时候，它会向土里扎得更深以求获得更多养分。如果土壤过于肥沃，营养过于充分，葡萄藤就会把能量用来长叶子或是植物本身，而不是果实。当资源（水和营养）匮乏，藤蔓就被迫向下探寻，更加努力。所以在条件极端的地方，这一特性尤其明显——比如，有些地方常年干旱，雨量过少。因为葡萄藤根部会不断试图向下寻找水源。

　　如果葡萄藤接触的水量小，结出的果实也会更小，但更加鲜艳，风味也足（越小的葡萄含水量就越低）。葡萄园里高密度的空间也会带来压力，它迫使葡萄藤互相竞争，抢夺营养，也能减少树冠的繁密程度——树冠（canopy）是葡萄栽培的术语，也就是葡萄藤的叶子。把葡萄藤种在陡峭的石头斜坡上也是一样的道理，葡萄藤也会在有限的土壤中奋力生长。

　　当然，压力也不总是恩惠，它也能带来真正的伤害——对人、对葡萄都一样。过于寒冷或漫长的冬季、临近采收的大冰雹，或是无休止的大雨、连月的干旱，这些都会给葡萄藤带来强大的伤害——最终甚至会毁掉这些葡萄藤。

　　一切都要按时有度地进行：水要分配好且要按特定次数供应（通过灌溉），多余的果实早先在生长季（被称为绿色采收）的时候就必须去除，还有太挡光的叶子也要去掉（这样能防止腐烂并帮助果实更好地成熟）。这都是一些被广泛接受的葡萄栽培技巧——用行业主管可能更喜欢的说法，这叫葡萄藤的"压力管理"。

冒险精神

　　不管葡萄酒酿造是不是一个突显英雄主义的行业（确实值得被称为英雄，但要说多么英勇，那倒可能没有），在我心里有许多称得上英雄的酿酒大师。他们是如此特立独行、迎风而上、险中求胜，挑战不可能完成的项目或葡萄品种，然后幸存下来——即使不能永远取胜——至少有着不屈不挠的精神。

　　这些标新立异的人有着一个共同点：美国前总统老布什（George H. W. Bush）曾经称他们为"有远见的人"。远见大多有财力的支撑（毕竟这是葡萄酒行业），同时也透着疯狂。

　　我可以列出很多符合英雄标准的酿酒师，但为了控制文章长度，我会主要着眼于我真正崇拜的四位大师。其中两位已经在葡萄酒酿造历史上占有一席之地；而另外两位也正在慢慢赢得自身的位置。

　　我心中的两位早期葡萄酒英雄马丁雷（Martin Ray）和康斯坦丁·弗兰克（Dr. Konstantin Frank）都已经过世，但他们对葡萄酒世界的影响直至今日仍毋庸置疑（他们在很多人眼里多少有些疯狂）。

　　我的两个现代偶像就我所知倒不会被贴上疯子的标签，不过纳帕谷哈兰庄园的比尔·哈兰（Bill Harlan）和长岛的罗素·麦可（Russell McCall）也有他们独特的堂吉诃德式的异想天开。

康斯坦丁·弗兰克（Dr. Konstantin Frank）

　　康斯坦丁·弗兰克是居住在纽约州北部地区的俄国移民，他坚信雷司令可以在五指湖区（Finger Lakes）成功种植。在20世纪50年代的时候他就向不同的人提出了这个观点，当时他做着一些卑微的工作，包括在康奈尔大学擦地板。而他的雇主和当地的酿酒商对他的观点不以为然，坚持认为只有耐寒的杂交品种（非贵族品种）才能抵挡纽约北部的寒冷冬日。在一次葡萄酒会议上，他又把想法分享给了当时的大葡萄酒生产商——Gold Seal的查尔斯·福涅尔（Charles Fournier）。

和你聊聊葡萄酒

后者当场就雇用了他，让他成为 Gold Seal 的研发总监。后来的事实证明康斯坦丁·弗兰克是正确的，他的高品质五指湖区雷司令奠定了整个纽约州葡萄酒产区的地位——今天再没有人提杂交品种的事了。

马丁雷（Martin Ray）

大约就在弗兰克博士为雷司令斗争的同时，马丁雷——一个加州的酿酒师，正在推进自己很小众的事业，例如避免在葡萄酒酿造中加添加剂，以及使用准确的酒标。在那个时候，一款葡萄酒可以在标签上注明为霞多丽，即使实际上它包含高达 49%的其他葡萄品种。马丁雷先生在圣克鲁斯（Santa Cruz）的酒庄酿造出很多著名的葡萄酒，尽管他后来破产了（不是所有特立独行的人都是成功的商人），他的霞多丽和黑皮诺仍被当今加利福尼亚的葡萄酒酿造商视为高质量的标杆。

比尔·哈兰（Bill Harlan）

当比尔·哈兰 1984 年建立哈兰酒庄的时候，他是一个百万富翁，并不是一个疯狂的人。哈兰先生的财产来自于很多非葡萄酒商业领域的投资，大多数是知名的房地产项目（他创建了极其著名的 Meadowood 度假村）。当说到葡萄酒时，他有一个明确的目标：他想酿造出可以称之为"世界第一级别"（first growth），也就是"列级名庄"（grand cru）的葡萄酒——等同于波尔多的世界第一级别，拉菲、梦桐、和拉图。

在那几年，估计很多人都认为哈兰先生一定是疯了——尤其是当他把葡萄园园址选在高于谷底的地方时。尽管山坡葡萄园在今天是被认可的，但在当时，比尔·哈兰开始工作的时候，在那种地势种植葡萄可是一个相当激进的想法。

哈兰酒庄的葡萄酒现在是纳帕谷最昂贵的葡萄酒之一，并且已经赢得了"膜拜赤霞珠"（一种美国版本的世界第一级别）的名头。尽管这几年膜拜赤霞珠的名望已经渐渐褪去，哈兰酒庄在加利福尼亚葡萄酒历史上的地位还是非常稳固的。

罗素·麦可（Russell McCall）

长岛能够出产一款可以用"膜拜"形容的红酒几乎是不可能的，但罗素·麦可——一个由亚特兰大成功商人和马球运动员转变成为北福克（North Fork）的农民和酿酒商，他在长岛东部克服极大的困难，酿造出异常优质的黑皮诺。

长岛的气候（湿润且潮湿）并不被认为适宜种植敏感脆弱的葡萄品种，以前也没人真正认真地尝试或取得过成功，但麦可先生，一个公开的皮诺爱好大师，却深信这里有适合的条件和土地能够成功种植。他开发了长岛最大的黑皮诺葡萄园，并在北部米尔布鲁克酒庄（Millbrook Winery）酿造出了葡萄酒。酒庄的庄主约翰·戴森（John Dyson）恰好是威廉斯莱酒庄（Williams Selyem Winery）的拥有者，该酒庄是加利福尼亚最有名的黑皮诺庄园之一。

弗兰克博士和马丁雷的远见早已成真，而比尔·哈兰也为那些立志酿造出伟大葡萄酒的人提供了蓝图，他成立了一个精英葡萄酒酿造俱乐部——纳帕珍酿俱乐部（Napa Valley Reserve）。同时，罗素·麦可似乎还没有启发其他更多的酿造商追随他的脚步。今后的十年，他的投资可能看起来还是莽撞的，或者可能是明智的也说不定。但所有这些人都赌上了自己的财富和命运，成败未知。毕竟，打安全牌是永远成不了英雄的。

醒酒之趣

关于醒酒这事儿，可世俗，可优雅，也可以非常讲究。这个简单的把酒倒入雅致容器的动作似乎可以提升葡萄酒和饮酒者两者的格调层次。这个容器并不一定要有多特别——它是不需要精致的水晶或是雕花玻璃的——甚至一个大水罐也行。是酒的移动提供了色彩、美感和那一刻的戏剧效果。

醒酒的主要原因完全是实用性的——它能让酒更好喝。把酒从瓶中倒入醒酒器里使酒暴露于空气中（氧化），可以让其香气更加突出。一瓶醒过的酒的香气一般都会变得比直接倒入杯中更加活泼和明显。同理，醒过的酒也会更柔和、更适口；氧气也可以打断单宁链。在醒酒器里醒几个小时的酒可以让紧凑的单宁变得柔顺，会比直接倒入杯中的酒更易入口。

如果是陈年老酒一般也要醒酒，不然老酒的沉淀（一般存留在酒瓶底部）就会跑到杯子里去。有沉淀的酒几乎都是结构丰满和高单宁的红葡萄酒；以卡本内（Cabernet）为基础的葡萄酒是醒酒的首要对象。新酒醒酒很少因为这个，因为它们在"年轻"时不怎么会"吐出（throw）"沉淀（是的，葡萄酒专家都会用吐这个动词来形容这个过程）。

第一种醒酒的方式是比较直接的方式：打开酒瓶，然后把酒倒入醒酒器即可。第二种方式就要更加小心了，要避免把一些沉淀也倒入杯中。第二种方式必须要缓慢、谨慎，甚至是极其正规和隆重的。一些侍酒师喜欢在这个庄严的时刻加一点花样，他们会把酒架在一个稻草醒酒架之类的架子上（用来稳固酒瓶和双手）再倒入醒酒器，他们甚至会在酒瓶下放一个蜡烛（烛光有助于看清沉淀），尽管这火焰可能给业余葡萄酒爱好者增加一定的危险系数。

我醒酒一般使用第一种方式——用来增加香气并使酒柔化——而不是第二种方式，因为我喝的酒大多数是比较年轻的。虽然我有好几个不错的醒酒器（都是别人送的礼物），大家却都知道我万不得已的时候也会用一个大花瓶来醒酒，这还挺有乐趣的，就是倒出来的时候有点儿奇怪。

　　一般不是红葡萄酒我是不醒的，但纳帕谷一家餐厅的葡萄酒总监却喜欢把每一款她倒的酒都醒了——并不仅仅是明显要醒的，例如强大的纳帕谷赤霞珠或年轻的波尔多葡萄酒，她连灰皮诺（Pinot Grigio）和普罗赛克（Prosecco）都醒，我觉得这有点儿太过了。你上一次喝醒过的普罗赛克是什么时候？但话说回来，她醒酒的时候确实非常享受，让她放弃醒酒就少了很多乐趣，或者说放弃了表演。醒酒也确实可以算是一种行为艺术。

皮诺效应

尽管黑皮诺已经被栽培了好几个世纪了，但最终还是一部美国电影让它真正火了起来。至少这是我从 2004 年起听到的版本。那年《杯酒人生》（Sideways）上映——电影里的英雄迈尔斯（Paul Giamatti 饰）极富激情地演绎了一段非常著名的关于黑皮诺的长台词。

当被问到为何如此钟情黑皮诺时，给出了如下回答："它不像赤霞珠般容易存活，赤霞珠可以长在任何地方，即便被忽视仍能茁壮成长。相反，皮诺需要持久不断的爱护与关注。你知道吗？事实上它只能在极其特殊的条件下才能生长——世界上某个小角落。而且，真的只有最富耐心的种植者才能抚育它长大。只有人真正花大把时间探索皮诺的潜力，才能慢慢诱导它展现出全部魅力。然后，我还要说它的风味，如此萦绕不散、杰出、令人兴奋却又含蓄，并且它是这地球上古老的品种。"

别在意他其实是在暗示说他自己，但他确实是（而且仍然是）让那些不喝黑皮诺的人突然急切地想品尝黑皮诺的功臣（这些人同时抛弃了梅洛，因为迈尔斯作为皮诺专家是抵制梅洛的）。

但如果《杯酒人生》真的是原因，那粉丝在电影十年后还会如此钟爱黑皮诺吗？种植面积（和销售）还会一直上升吗？我倾向于否定，尤其是后来又有其他品种在几年间就经历了流行和衰败，甚至更短。还有人记得西拉流行的那一段时间，或是梅洛火的时间有多短暂吗？

黑皮诺最大的优点就是适口性。柔顺的天性，加上红色浆果的香气，几乎能搭配所有食物的特性，黑皮诺可以说是讲起来简单，喝起来也简单。这款酒让即使像迈尔斯这样愤愤不平（且不招人喜欢）的人也能与之产生共鸣。

当然，这段关于黑皮诺的演讲还创造了一个小小的电影奇迹，这段话让迈尔斯——一个冷漠无情、心胸狭窄的小偷（除了我之外还有人能回忆起迈尔斯还偷过他妈妈的钱吗？）变身成了一个英雄——最终还抱得美人归。

甚至保罗·吉亚玛提还对这个角色有不同于大众的看法。在一次多伦多电视台的受访中，他这样评价迈尔斯这个角色："他那样对葡萄酒自命不凡的夸夸其谈其实只是为了掩饰他已经醉了的事实。"皮诺真爱粉们应该考虑再找一个新的英雄来推动他们的皮诺事业。

餐前酒，来一杯吗

　　"这是一款很棒的餐前酒"，一个朋友对我送上的一杯轻酒体的葡萄酒如此评价。听到后我的第一反应是把她的话当作了一种批评。毕竟，餐前酒不够严肃或重要，而且一般都很便宜。

　　我马上注意了价格——大声喊了出来。"这款酒 35 美元呢。"我说，知道我的朋友们都是低价餐前酒原则的忠实追随者（香槟是他们唯一的"偶尔的例外"）。我的朋友赶紧表示她并不是说酒不好，"我挺喜欢的"，她安抚地说，"要是我也愿意花 35 美元买下这酒。"

　　这段对话让我思考到底酒要有什么特质才能称为好的餐前酒，之后我归纳出几点明确（倒不是特别严格）的原则：

　　餐前酒一定要清爽。它一定要足够活泼，开启你的味蕾。一定要有足够的个性，足够有趣并让人留下印象，但不要太过。好的餐前酒就像是轻声细语，而不是高谈阔论。

　　餐前酒应该是酒体较轻且高酸。这也是为什么香槟特别适合作为餐前酒——它的酸度特别高。白中白香槟（Blanc de Blancs，一款完全由霞多丽葡萄酿造的香槟）就是完美的餐前酒，其实大多数香槟或是干型的起泡酒都可以。清新活泼的桃红酒也不错（不要颜色太深的）。有相当酸度的葡萄酒能够刺激味蕾，帮助饮酒者为后续的饮食做准备。

餐前酒的酒精度不能高。这一点还是非常关键的，因为越来越多的葡萄酒是用来配餐饮用的。查看一下酒标上的酒精度，餐前酒应该低于 12%，比如一种在葡萄牙叫绿酒（Vinho Verde）的白葡萄酒，还有很多德国雷司令的酒精度更低（7%～11%）。

还有一些酒精度更低的，高酸的红葡萄酒产自于意大利上阿迪杰地区（Alto Adige region），酿造用的葡萄名字颇为难记，比如勒格瑞（Lagrein）和斯棋亚娃（Schiava），还有意大利马尔凯大区的拉奎马（Lacrima）葡萄也可以酿造出芳香的红葡萄酒。意大利人对这种餐前酒的艺术似乎非常有天赋——可能对他们来说这不光是餐前酒，也是一种生活方式。灰皮诺作餐前酒也很不错，虽然它的口味有那么一点点平庸。

法国，向词汇表里贡献了餐前酒（apéritif）这个词，也不出意料地出产一些非常不错的餐前酒——不管是红葡萄酒还是白葡萄酒——还有一些经典的餐前酒，如利来酒（Lillet）和味美思（Vermouth）。除去上文提到的香槟不说，卢瓦尔河谷（Loire Valley）可以说普遍都适宜用作餐前酒——从著名的葡萄酒产区（如桑塞尔和密斯卡岱）到不那么出名的产区（如希侬 Chinon、索米尔 Saumur 和布尔格伊 Bourgueil）。

美国葡萄酒适合作餐前酒的不多——可能是因为美国人的共同喜好是要更多果香、更强大和更有风味。而对餐前酒来说，最重要的是那种精致、巧妙，和（偶尔是）价格。

过多的分享

葡萄酒是一种应该被分享的社交型饮品，但所有与葡萄酒相关的方方面面都要分享吗？比如葡萄酒照片、酒标或是品鉴笔记。还有那些满载回忆的酒瓶和聚餐的场景都要瞬间同步到社交网站上去吗？更别说现在还有专注于葡萄酒分享与社交的 App，比如 Delectable 和 Vivino 等。

社交媒体给葡萄酒爱好者们同时提供了两个机会，两者如双生儿般同时出现在那里：是用来多了解一些葡萄酒还是吹嘘你刚刚喝了什么酒。你是想知道三四十个陌生人对你刚品尝葡萄酒的见解？或是你想让那三四十个同样的人知道你刚喝了什么酒（然后知道你花了多少钱）？

我个人感觉有些社交软件特别实用。Delectable 就非常有意思，有些葡萄酒专家会分享一些非常有信息量的内容（不光是酒瓶的图片）。这对于一些新酒或是还没有名气却有趣的酿酒商来说是很好的资源，但他们又非常容易分心。在短时间内有太多信息要消化。

但说实话，这也挺让人沮丧的。总是有大把的富豪和顶级侍酒师能品到比我这辈子喝到的都好、都多的葡萄酒。可能应该有个特别的 App 起名为"葡萄酒惹人妒"，因为这好像是众多工具——还有它们的用户们——带给人（就是这样计划的吧）的强烈感觉。

当然，这可不是社交媒体专家们所声称的目的。相反，他们喜欢说自己的使命是"民主化"葡萄酒。他们特别喜欢用这个词，就好像有什么葡萄酒独裁者会拦住那些潜在的葡萄酒爱好者。他们声称葡萄酒过于复杂，要求也高，且过多依靠酒评家和葡萄酒专家——不过这才是葡萄酒特别和有意思的原因。如果葡萄酒没那么复杂，所有那些葡萄酒 App 也就没什么可说的了，不是吗？

这种坚持说葡萄酒需要变得更"民主"的说法我是不太赞同，或至少觉得没什么必要。众包（crowdsourcing）只是意味着你有途径接触到更多的意见（比如有人认为思诺凯露（SmoKing Loon）黑皮诺是世界上最好的葡萄酒之一），但这信息也不一定有多好（思诺凯露是杂货店出售的 9 美元一瓶的葡萄酒。还有什么比得上能买一瓶黑皮诺搭配牛排更民主的吗）。

我觉得我对社交媒体工具总会保有一点儿对立的态度。到底它们能帮你增强对葡萄酒的审美、扩展你的知识，或者只是让你自我膨胀？就像 Frank Sinatra 曾经在歌里唱得那样："一切都看你自己。"

酒评家的关注

什么是酒评家？这个问题估计酒评家问自己的次数比一般葡萄酒饮用者要多得多。对于大多数喝葡萄酒的人来说，他们仅仅是通过商店里酒瓶上挂着的葡萄酒打分标签才知道有酒评家的存在。"酒评家"就意味着这个人的建议足以取信。

但酒评家是如何养成的呢？为什么他们的话就值得大家关注？为什么他们能有决定一款酒生死的影响力？美国著名酒评人罗伯特·派克（Robert M. Parker, Jr.）认为自己成为酒评家的方法任何人都能做到——一只笔，一个笔记本，还有几瓶葡萄酒。

这也是开玩笑般半真半假的说法，这个葡萄酒世界里最有影响力的意见领袖可是有条不紊地一步步向杰出迈进的。首先，他在几乎没有葡萄酒出版物的时候就创立了一个区域葡萄酒的新闻简报，然后开始像给小学生打分一样给葡萄酒打分——范围从 50～100 分。很多潜在的酒评家也照着学了起来。

但给葡萄酒打分的方法可远不止一种。有些用酒杯（意大利的最高荣誉来自于"三杯奖"，也就是意大利语 tre bicchieri）；有些使用"泡芙"系统，看起来像是棉花糖，五个泡芙是最顶级；很多英国的葡萄酒作家喜欢用 20 分系统，也就是打分的范围一般在 10～20 分，这个系统很难在美国产生共鸣，可能是因为我们不知道原来一款酒才 17 分竟然是还不错的葡萄酒。

酒评家会基于有形和无形的事实进行打分，而且是基于特定的品种进行衡量（比如说，波尔多葡萄酒就应该有波尔多地区的口感和气味，而不像勃艮第或罗纳河谷的葡萄酒）。有形的事实包括香气、平衡，以及在口中的风味留存；无形的东西更加感性，是由葡萄酒所触发的反应。

曾经，酒评家实际上都是葡萄酒行业内部人士。派克先生是第一个和葡萄酒交易完全无关的酒评家，他充分利用这个事实，声称自己对任何人都不用履行什么义务，所以能给出公允的建议。在派克先生事业上升的 20 世纪 80 年代前，能引起关注的酒评家和葡萄酒（其实真没太多人能受到关注）都是葡萄酒行业内部人士。

这一点在几十年前的英国尤其显著（现在仍然是），很多葡萄酒商人都成了作家，有时候还两份工作同时做。很多年前我到一个西班牙酿酒商那里坐客，他告诉我在我去的前一周，一个英国作家刚刚来过——而且他在临走前装了满满一车的免费葡萄酒样酒。

当然，往车里装几箱免费葡萄酒并不是一个优秀的品酒师该做的事。有些事是葡萄酒酒评家应该做或不应该做的——或是应该知道或不应该知道的。我找到一个会给期望成为酒评家的人提供（匿名）咨询的网站。他们要学习辨别葡萄品种，可能要参加一些葡萄酒酿造课程，网站给出的建议是很有道理的。对于葡萄酒爱好者来说，学知识永远不是件坏事，对酒评人更是如此。这个网站还建议咨询者考个"葡萄酒专业的学位"（但其实并没有这样的学位。在葡萄酒行业，你肯定不能用英语专业学生那样在葡萄酒领域拿个本科毕业文凭）。

这个网站还指导想成为酒评家的人要开始写作（它们实际上的用词是"让笔流动起来"。显然，这些梦想成为酒评家的人也摆脱不了这些陈词滥调）。有抱负的酒评家应该有见解（会打分）得以脱颖而出并吸引读者，当然，他们也需要文字。

最好的酒评家是能够准确、可靠地把酒描绘出来的，最完美的就是他的口味和你是一致的。

高贵的葡萄品种之王

　　赤霞珠是世界上最优等的葡萄品种。不管这到底是不是真的,至少很多葡萄酒爱好者看起来是这样认为的。如果想要买一瓶酒送一个你并不太熟悉的人,赤霞珠是最安全也是最显档次的选择。而且如果你是一个酿酒商且想给葡萄酒要上价钱,还有什么其他品种可以选吗?一瓶优质的赤霞珠的价格(几乎)总是高于同等质量的品丽珠(Cabernet Franc)或梅洛。

　　从它完美平衡的两部分结合的名字,到它被发现的著名产区(波尔多和纳帕),赤霞珠一下就为它的酿造商和产区赋予了一种名望,比其他任何品种更甚,即便是它在勃艮第的对应品种——黑皮诺和霞多丽。我有一些理论来支持这个观点。

　　一个原因即葡萄本身。赤霞珠是极度可靠并被广泛种植的品种——它可以适

应各类土地环境和酒文化。尽管波尔多和纳帕的赤霞珠可能得到最多的关注和称誉（当然，还有金钱），但其实这个品种在很区地多都有广泛的栽培——从阿根廷到新西兰再到意大利，还有中间的很多国家，赤霞珠的粉丝团遍布全球。

赤霞珠的结构平衡，"年轻"时饮用颇为诱人，而经过时间的洗礼也同样优雅，几年甚至十几年都可以（取决于葡萄酒的产地和酿造风格）。最好的赤霞珠是世界上最值得陈年的葡萄酒。赤霞珠男女都爱——不像有些品种，比如灰皮诺。在英语里，他可以被简称为"Cab"，听起来非常男性化，女人说起这个词也感觉被赋予了某种力量。这没准儿可以成为一个不错的口号（赤霞珠这个品种还是有必要拥有一个恰当的口号的）。赤霞珠：一个阳刚十足的葡萄品种——但女人也爱。

葡萄酒的五个关键词

关于葡萄酒品鉴的专有名词完全可以编一本小字典。有各式各样来自果园或田地里的水果词汇（草莓、樱桃、黑莓、柠檬、香橙、瓜和偶尔出现的猕猴桃）。还有一些专门用来引诱人的词语（柔顺的、丝滑的、芳香的），也少不了那些形容风味、口感质地和外表状态的表达。不同甜度也分各种等级。但其实哪些词才是必不可少的呢？我已经把范围缩小到了五个词。这五个词不一定能帮你更懂酒，但至少可以让你说的话听起来更专业一些。

酸度

所有的葡萄酒——红、白或是桃红——都必须有一定的酸度。酸度有利于葡萄酒的保质，也堪称葡萄酒的骨架。有些葡萄酒的酸度会比其他葡萄酒高一些，这取决于葡萄品种、产区和酿造技术的不同；就像恐慌指数（pucker factor）按 1 到 10 来计算，新西兰长相思的酸度接近于 10，而加利福尼亚仙粉黛就更趋向于 1。

酸度是天然出现在葡萄酒中的，虽然在酿酒过程中也可以添加。有几种不同的酸：苹果酸、柠檬酸和乳酸。每种都为葡萄酒贡献了不同的成分。

有一些好词经常用来形容酸度，比如爽脆的（crisp）、明亮的（bright）、干净的（clean）和活泼的（lively）。请永远不要用"酸"来形容葡萄酒，除非酸味完全掩盖了其他的味道，因为这对葡萄酒来说真不是一个好词——我的朋友们用这个词来形容一款酒的时候，我经常会提醒他们，因为这算是很不明智的一种贬低。

香气

葡萄酒最重要的就是香气。法国著名的酒类学家 Émile Peynaud 有句话说得好："香气赋予葡萄酒独特的性格。"其他的酿酒师则一般认为香气为葡萄酒提供了 80% 的个性。没有香气，就像食物一样，只能提供给味蕾相当有限的可能性；当然还有质感、温度和回味，但没了香气也就没什么意义了。很多人错把那些用来形容香气的词汇用在形容口感上——比如莓果、香料和泥土的气息——但事实上这些香气你是品尝不出来的，下次喝酒的时候试着捏住鼻子你就知道了。

平衡

当一切处于和谐之中时，我们称之为平衡——对酒、对生活皆是如此。当然，想达到酒或是人生的平衡着实不易，一款真正平衡的酒，一切都不能"过"——"木桶味太重"或是"酸度太强"或是"太浅"或是"太深"——是极其难得的。平衡就是没有什么是特别突兀的，所有成分无"过"也无"不及"。平衡还演变成了一个营销术语，有一群葡萄酒专家在推广"平衡的葡萄酒"，但这其实是指酒精度低于 14.2%的葡萄酒。当然，如果一款葡萄酒真的达到了平衡，酒精度已经不重要了，酒精度理应不会突出，自然也就不会有谁注意到它了。

结构

就像一幢大楼或一辆汽车，葡萄酒也有把它支撑起来的组成部分。这三个部分分别是酸度，单宁和酒精。不管哪个部分有缺陷，这种葡萄酒都立不住，都会尝起来寡淡而没有个性。想想没有气的苏打水喝起来是什么感觉，就和葡萄酒没有结构是一样的。葡萄酒的结构能够决定它的骨架规格是一款"大"葡萄酒还是轻酒体。当谈到餐酒搭配或是陈年能力的时候，葡萄酒的骨架规格就很关键了。一款"大"葡萄酒可能缺少风格变化，但它应该可以放得更久。

质感

葡萄酒在口中的感觉就是对质感的体会。有一个葡萄酒品鉴的术语（我得承认其实我不怎么喜欢）是口感（mouthfeel）。当有人描绘口感时，其实他们就是在谈论质感。有些葡萄酒口感浓郁富足，充斥整个口腔；有些葡萄酒口感瘦弱；也有些柔顺多汁。

这些贡献质感的元素和创造结构的元素是一样的：酒精、单宁和酸度。它们都是内在联系相关的。形容葡萄酒酒体的词都同样可以用来形容质感，例如咀嚼感是稠密的，甚或是质朴的。还有一个常用来形容质感的词，但零售商曾经告诉我是最没有意义的，这个词就是顺滑。一个人感觉到的顺滑，可能对另一个人来说就是粗糙。作为一个描述葡萄酒的词，他以为这简直一点儿意义都没有。

酸酸惹人爱

　　一切始于新西兰，正是这样一个小小的岛屿国家酿造出了当今世界上最畅销的白葡萄酒之一。那就是创立于 1985 年的，云雾之湾（Cloudy Bay）的长相思。可以说，云雾之湾是一个相当完美的品牌名，事实证明，它也成为长相思这个葡萄品种的最佳代言人，在它之前，人们对这个葡萄品种并不太了解或认可。

　　当然，长相思这个葡萄品种远早于云雾之湾既已存在。法国的普衣富美（Pouilly-Fumé）和桑塞尔产区都种植长相思，美国加利福尼亚的产量也不小。然而，加州的葡萄酒制造者似乎并没有能够真正运用好这个品种，难以取其精华。他们仅仅把长相思当作某种减弱版本的霞多丽，他们把长相思长期放进橡木桶之后带来的口感并不美好。在那时，几乎没有人知道原来桑塞尔的白葡萄酒是长相思这个葡萄品种酿造的。

　　纳帕谷的酒商和葡萄酒专家罗伯特·蒙大维是最早且最著名的长相思推广者，他聪明地称之为"Fumé Blanc"，即"白富美"。这个名字把两个法语词巧妙地结合在一起，也就是白色（blanc）和富美（Fumé，法国卢瓦尔河谷的普衣富美产区）。但就算是蒙大维先生也并没能让长相思真正流行起来，至少没有做到云雾之湾那样成功。

　　新西兰的明星品牌云雾之湾将一种与众不同、风格清奇的白葡萄酒介绍给了美国人，一款充满酸度、活泼而富有活力的长相思。事实上，当 racy（活泼）最初用来形容葡萄酒的时候，大概就是用来形容云雾之湾的长相思的。云雾之湾的酒标给人以半阴郁和平淡的感觉（灰白色的丘陵蜿蜒起伏），一经上市便被抢购一空，以至于之后没有数百也有数十家葡萄酒品牌模仿它的风格，这些品牌有的是新西兰的本地酒庄，还有来自于世界上的其他地区，甚至连法国的酒庄也开始声称他们桑塞尔产区的长相思有与"新西兰"长相思相似的风格（这应该是对新西兰长相思最大的认可和恭维了）。

　　新西兰人酿造的长相思点燃了饮酒者们对于更加轻酒体和充满果香的风味的

热情，当然，相比于霞多丽来说，也更加时尚。就我所知，很多女性认为这种轻盈的口感风格在有些时候，更为精致，更胜一筹。

现在全世界各地都出产可能算不上广受欢迎，但人们也愿意接受和购买的长相思。智利就是个很好的例子，那里的长相思的最大优点就是非常便宜。入手拉博丝特酒庄（Casa Lapostolle）和卡萨马林酒庄（Casa Marin）的长相思应该都是比较稳妥的选择。长相思也促进了有些不甚著名产区的销量，比如长岛产区。话说其实葡美奥克（Paumanok）、詹姆斯波特（Jamesport）和马卡里酒庄（Macari Vineyards）的长相思都非常不错。

事实上，我觉得有必要把云雾之湾作为成功案例好好研究一番，分析一下这个品牌和一个葡萄品种是如何完全颠覆了整个葡萄酒制造业的。云雾之湾和长相思激起了人们的热情，而且这种热情丝毫没有减缓的迹象。一个英国酒商曾经把云雾之湾看作是中产阶级的象征与标签，而且他这种比喻充满了贬损的口气，但我倒觉得这是值得欢欣鼓舞的好事，毕竟，中产阶级是世界上葡萄酒消费的大军。

和你聊聊葡萄酒

流动的职业

有一次我收到了我《华尔街日报》专栏的读者留言，他在一个葡萄酒零售店里遇到了一个自称侍酒师的人，他觉得非常困惑。他问我说："我以前认为侍酒师都在餐厅工作呢，我碰到的会是真正的侍酒师吗？"估计他认为那人可能是某个在逃的骗子商人。

我向这个读者解释说，其实很多葡萄酒教育家或是葡萄酒作家都称自己是侍酒师，尽管就我所知他们从来不会给餐桌上的客人服务。我必须承认，我对这个词的滥用也很困惑。毕竟，侍酒师职位的定义就是"葡萄酒服务生"。那这对于那些真正的葡萄酒侍来说，这么多非专业人士用了他们的头衔是不是不太公平？毕竟这也不是他们的真实工作。

我拿这个问题问了伯尼·孙（Bernie Sun），他之前是纽约的顶级侍酒师，也是驻纽约让－乔治－冯格里奇顿（Jean-Georges Vongerichten）餐饮集团的饮料部前总监。他难道不认为这种滥用名头是错的吗？

但这位和善的孙先生却出乎意料地并未对此表示出过多愤怒；事实上，他觉得"可以接受"这些非侍酒师用这个称号，即使"理论上，侍酒师在餐厅工作，且为客人提供葡萄酒服务"。但因为这个称号确实已经传播广泛，孙先生感觉一个零售商用用也不是什么大问题。毕竟，做零售工作的人也是提供葡萄酒服务的人——只不过是另一种方式，大度的孙先生是这么考虑的。

但为什么他们要用这个称号称呼自己呢？估计是因为最近这个职业的光环造成的——现在侍酒师被看作一个相当体面的工作。越来越多的"soms"（现在很多侍酒师用这个英语单词自称）时尚地出现在杂志或电视真人秀中。他们变得像那些明星主厨一样，尽管（远）没有主厨那么多工具。

但他们是如何赢得名誉的呢？我又一次向孙先生寻求答案。现如今一个侍酒师必不可少的是什么呢？他回答说，是对葡萄酒的激情和对人的激情。激情尤其重要，因为这个职业并不怎么挣钱。孙先生和我说："如果把我们的工作时间加在一起，我们大概一小时能挣 3 美元。"（一个入门级侍酒师的年薪一般低于 4 万美元）。这听起来可完全不够有吸引力—更别说还有那些孙先生总结出的侍酒师的其他工作责任——比如摞葡萄酒箱子，按 Excel 表格查物流。最后还有一部分很关键，孙先生指出，一个侍酒师还得能给餐厅挣钱。或者，就像孙先生说的："一个侍酒师就是一个收入中心。"（孙先生非常和善，但说话倒是直言不讳，不加掩饰）。

当然，这些"收入中心"得以品尝到很多好酒，工作时也是西装笔挺。侍酒师的着装都是很光鲜的，除了他们的鞋。侍酒师的鞋真的是不怎么好看的那种。但这也是因为这些"收入中心"要长时间用他们的脚，他们从酒窖到餐厅走来走去。但这实用性极强的鞋却是几年前我追随几位伟大的侍酒师一起工作时给我印象最深的。这些人不光是口齿伶俐、平易近人、葡萄酒知识广博，而且似乎在"永远的移动"当中。事实上，我觉得这可能就是为什么大多数侍酒师到了一定年龄终究会离开这个行业：这不光是一个需要全身心投入时间和精力的职业，而且也是个体力活。到了一定的年龄和节点，可能侍酒师们也想要坐下来休息休息了。

季节性紊乱

葡萄酒世界里最成功的发明之一并不是葡萄酒杯、醒酒器或开瓶器，而是一种所谓的"季节酒"。这些被酒商、侍酒师还有太多的葡萄酒记者们所吹捧的季节酒，其实理论上来说就是在一年的特定时间才能饮用的葡萄酒。有季节性的红葡萄酒、白葡萄酒，同时每一支桃红葡萄酒在某种程度上都被认为是季节酒。从季节酒来看，桃红葡萄酒是最容易受到否定的。

桃红葡萄酒是典型的季节性酒，在 11 月中旬或是劳动节后的一周，在有些店里就很难找到了。桃红葡萄酒的进口商和分销商曾经告诉我说很多零售商干脆拒绝进桃红葡萄酒。这些酒商特别怕 9 月初那些重大日子一结束桃红葡萄酒就全滞销了。即使 9 月的天气和 7 月大喝特喝桃红葡萄酒时一样热，大家也不在乎。

桃红葡萄酒和各种餐食都挺搭——从鱼肉到鸡肉，当然还少不了意面——换句话说，桃红葡萄酒可以搭配的食物不仅仅局限于夏天，而是全年。桃红葡萄酒有着白葡萄酒的多汁和轻盈红葡萄酒的酒体，还有如此鲜亮的色泽。为什么不愿意用一瓶桃红葡萄酒来点亮 1 月的一天呢？它大概能够帮人们驱散那个时节的沉闷和暗淡。

当然，白葡萄酒的赏味旺季在每年的 4 至 8 月（或者在一年任何时候的艺术活动开幕场合）。有一些"季节性"的白葡萄酒很难在更冷的月份中被找到。我现在想到的是卢瓦尔河谷的密斯卡岱或是葡萄牙的绿酒。但如果大家想用前者配生蚝或是想要像后者一样清爽低酒精度的白葡萄酒该怎么办呢？

当冬日降临，根据所有推广季节酒的人，你最好喝一些季节性红葡萄酒——也就是那种结构严密，单宁、酒精度都较强的"大"酒——例如仙粉黛、赤霞珠或是西拉。当然，这是假设你在配搭意大利肉酱面或是一些味道浓郁的料理时。在这里我想为口味的多样性辩解几句：即使在一年中最寒冷、最黑暗的日子里，还是有许多人喜欢沙拉胜过炖煮的菜肴。

可能最后这一切的根源还是买卖这事——酒商需要提供给消费者一些购买的

理由来带动销售，而顾客也需要一些借口转而喜好另一种酒。如果这不基于数字（也就是酒评家的打分），我猜就要和大自然相呼应。但我觉得大自然母亲现在也不怎么可靠。

复制代码

法国已经为世界做出了很多贡献。如果你问任何一个法国人，他肯定毫不犹豫地承认这是事实。仅仅法餐一项就享誉全球，还有法国时尚和法语。偶尔来几个法语词汇，语言立即变得时髦了起来（当然，只要你能把音发准）。但法国的葡萄酒法确实让我们对高卢同志们充满感激之情。

法国的原产地命名控制（AOC）系统是被全世界其他国家复制最多的，它已经被应用于世界各个地区，不只是葡萄酒，也应用于烈酒和食品。有 AOC 的奶酪、肉和干邑。似乎大家都有自己版本的这个系统——就好像这个系统由来已久，但事实上它被创建于约 100 年前（从那时起它一直在被改良和修改）。

法国原产地控制最早创立的目标是确保葡萄酒产自于特定的地点以及酿造自特定的葡萄品种。葡萄酒上标注"波尔多"就必须是在产区内且仅用法律允许的葡萄品种酿造。比如，赤霞珠和梅洛是波尔多产区里许可的，但黑皮诺就不行。一定要遵循历史和传统，还要有基于实用的考虑：在寒冷多雨气候下的波尔多地区生长的黑皮诺可能会腐烂。

法律的创建也是为了打假。100 多年前，阿尔及利亚的葡萄品种也能打上教皇新堡（Châteauneuf-du-Pape）的标签。但法国葡萄酒法律远不局限于产区和葡萄品种，它还覆盖到种植面积大小和严格的采收时间。这一切都被政府监管——政府是 AOC 背后的权威力量。

德国和意大利也有自己的葡萄酒管理方式，但都没有法国那么强硬和清晰。美国的系统追随了法国，但风格上更加随心所欲，尤其在一些更新的葡萄酒产区。比如说，在长岛的北福克，对葡萄品种就没有特定的限制，尽管那里也是葡萄酒的官方产区。

但在美国，更加著名的产地就有更多的限制了——纳帕谷可能是最好的一个例子来说明美国其实还是真心想学习贸易主义的法国的。大约 10 年前，纳帕当局就开始努力尝试控制使用"纳帕"这个名字并提出对"纳帕"名字标识的法令。

这个法令最终变体为一个共同宣言，联同其他著名的葡萄酒产区，如帕索罗布尔斯（Paso Robles）产区、夏布利（Chablis）产区，还有后来签字加入的经典奇扬第（Chianti Classico）产区（后两个产区的名字被美国廉价葡萄酒制造商滥用的时间可要比纳帕名字被冒用的早多了）。

四字自由

尽管一个好的酒单是让人兴奋的，一个好的侍酒师也能给人以启发，但没有什么能比餐厅允许自带酒水更让我开心的了。英文中有四个字母：BYOB——它是"Bring Your Own Bottle"的缩写——直译是带来你自己的酒，对大多数葡萄酒大师级爱好者来说是一个极好的堂食特权。

当然，一些餐厅——还有一些城市——比起其他地方对自带酒水更加宽容。而有些地方压根儿就不允许这种行为。比如说，在达拉斯，我就从来没能自带过酒水；但在旧金山，大家对自带酒水这件事的态度宽松得让人惊讶。在纽约，这取决于餐厅和个人，有的时候取决于你愿意为之付出多少钱。有些餐厅会收取"开瓶费"，大约是一瓶酒 55～100 美元。这绝对会让我对自带酒水这件事三思而后行。

我恰巧生活在对自带酒水行为异常友善的新泽西州。这里的餐厅自带酒水比例甚至高于非自带酒水。这并不是因为州立法者全都是有着昂贵私人酒窖的狂热葡萄酒爱好者，而是因为新泽西还延续着全美最古老的酒法。新泽西任何城镇的酒类经营执照都是有限额的，其数量由各城镇人口数量决定。这就意味着如果你想开个餐厅却没有酒水经营执照的话，你只好让大家自带酒水。

对我来说，这几乎是对新泽西有着全国最高财产税的最好补偿了，更别提这里很多地方交通最为拥堵，道路条件也最差。事实上，除了自带酒水这项特权，我想不到住在新泽西州有什么其他好处了。

酒类的选择全是你说了算——按照自己的心情或是酒类偏好——这几乎和让你省钱的事实一样，简直是不可抗拒的。纽约餐厅的单瓶葡萄酒加价一般高达300%或400%，有些更夸张。

但这毕竟是项特权，所以我也有我自己自带酒水的原则。首先是关于小费的，我总是在账单上自己虚出一瓶 30 或 40 美元左右的酒，然后再给出小费。小费从不低于25%，有时如果服务好，我愿意给出30%（我先生，一个土生土长的新泽西人，在认识我之前从来没想过这么做，不过现在他也给30%的小费）。

　　第二，如果酒单足够有趣，葡萄酒选择不错且合理标价的话，我也会买一瓶酒。这并不适用于两个人用餐，但如果四个人或更多就可以。这是对餐厅和侍酒师的尊敬（如果有侍酒师的话）。如果有侍酒师在场，我也会给他一杯我自带的酒。或者，如果是我喜欢的可自带酒水的餐厅，比如新泽西考德威尔（Caldwell）的Divina，我还会送一杯给主厨。

　　Divina 的主厨，也是老板，Mario Carlino 很懂酒，尤其是意大利葡萄酒，我都会带上酒显示对他味蕾以及食物的尊敬。他喜欢巴罗洛（Barolo）和精致的奇扬第（Chianti），还有卡帕尼亚（Campania）的白葡萄酒，尽管他来自于卡拉布里亚大区（Calabria）。他的品味很高。事实上，如果卡里罗主厨走近我们的餐桌，看了看我们喝的葡萄酒，然后没管我们要一杯尝尝就掉头走了，这种感觉简直让人心碎。

　　有时候，他会告诉我们其他人正在喝什么，有时候也会拿给我们一杯。我们当然会还礼回去，然后整个餐厅里的酒杯就是慌乱得传个不停。在只能从酒单买酒的餐厅我就从来没看到过这种自发分享的行为，可能这就是自带酒水最美好的部分。喝酒并不是最关键的，结交新朋友才是。

学习葡萄酒和学习语言十分相似。你可以读书、上课，但并不能仅限于此。你需要联系上下文和语境，并坚持每天练习。幸运的是，对于葡萄酒来说，就是要坚持每天都喝。

葡萄酒知识

神奇的数字

55℉（约 13℃）是葡萄酒贮藏的最理想温度，这是我认识的每一个常喝葡萄酒的人都认同的，但很少有人能解释为什么是这个温度。你会发现，55 这个数字是收藏家和储酒公司最经常引用的，甚至很多葡萄酒吧和商店也以这个数字命名。

据我了解，这是源于一个欧洲酒窖的温度为 55℉——就好像全世界都通用一个酒窖似的。这些 55℉ 的酒窖就能够 50 个国家使用。

当然，其实大多数人也不必把这个数字放在心上，毕竟只有极少数葡萄酒会因陈年变得更好（超过一两年），也只有极少数人拥有具有温控功能的酒窖。更多的饮用者，我猜想，也只是把葡萄酒存放在食品贮藏柜里或是搁板后面而已。

而且说真的，完美的温度是不存在的。温度是波动的，即使在理应时刻保持温度的葡萄酒柜里也是一样（你打开几次柜门就知道了，温度是会在几度的范围内上下浮动的）。

长期保持温度的稳定才是关键。偶尔上升或下降几度并没什么关系——真正影响葡萄酒的是温度的大幅度变化。那些坚信葡萄酒储藏温度要和欧洲酒窖温度保持一致的人，声称温度每高于 55℉ 一度，葡萄酒就会像是多储藏了一整年，一旦超过了 70℉（约 21℃），据说变化会更快，每一度的变化相当于近 10 年。

我自己从没测试过这个数字——我觉得即便我想测或是有时间测，我也不知道应该怎么操作。但我确实知道降低温度能减缓陈年老化的效果（可惜这对人类不适用，无论你的地下室多冷，你还是老得一样快）。

一瓶存放在 50℉ 甚至是 45℉ 下的葡萄酒，陈年老化的速度会缓慢许多。所以如果你真想让你的酒成熟得比你慢，不如把温度降低一些，不过也别太过。你总不想让你的酒冻上，或者，让你的酒活得比你还长。

你好，澳大利亚葡萄园

　　说起葡萄酒酿造行业的大起大落，无论从频率到范围，没有哪个国家能比得上澳大利亚。事实上，过去这十几年来，澳大利亚经历的劫难真的不少。曾经有葡萄酒过度生产，供大于求的问题，之后又遭遇干旱。最严重的一场"世纪干旱"竟然持续了 14 年——从 1995 年一直到 2009 年。

　　还有澳币的通货膨胀，直接让他们的葡萄酒失去了海外市场价格上的竞争力，抑制了澳大利亚葡萄酒的出口，一些澳大利亚品牌就此消失。接下来还有葡萄酒口味的变化，葡萄酒爱好者纷纷背弃了澳大利亚擅长的高酒精西拉葡萄酒，转而选择世界其他地区的低酒精葡萄酒。

　　当然，还不能忘了动物酒标这回事。澳大利亚各大葡萄酒公司选用的那些让人厌烦的动物图案酒标充斥着市场，企鹅、青蛙还有袋鼠，让人们感觉他们的葡萄酒酿造一点儿都不严肃，就像是一个宠物乐园似的。高端严肃的葡萄酒爱好者一般都会把目光投向那些更精致、更美观的酒标，而不是这种傻乎乎的设计。

　　但澳大利亚也出产很多精致严肃的葡萄酒。我称它们为"另类澳大利亚葡萄酒"——这些酒不落澳大利亚酒廉价或典型澳大利亚西拉的俗套。它们来自于规模较小、更少人知道的小产区，例如塔斯马尼亚（Tasmania）、雅拉（Yarra）和克莱尔（Clare）山谷。

　　塔斯马尼亚可能是这三个产区中最有意思的——至少绝对是最独特的。它位于澳大利亚南部海岸之外，凉爽的气候条件适合霞多丽和黑皮诺的生长成熟，同样，也就适用于生产用相同品种酿造的起泡酒。澳大利亚最有趣的起泡酒，可能也是"新世界"中最有趣的起泡酒——就是简茨（Jansz）了。它的酿造商并不像绝大多数高端生产商一样乐于宣称他们使用了传统酿造法（méthode Champenoise）；相反，他们秉承了澳式的大胆作风，厚着脸皮声称自己使用的是塔斯马尼亚工艺（méthode Tasmanoise）酿造法。

　　雅拉谷，位于墨尔本东部，是另一个凉爽的产区，大量优质葡萄酒便产于此，

葡萄酒知识

葡萄酒旅游业也是十分发达。此地区出产的黑皮诺和霞多丽非常出名，也同样被用于制造可口的起泡酒（酩悦香槟集团在澳大利亚投资建立的香桐酒庄 Domaine Chandon 便建在这里）。另一家顶级酿造商，冷溪山酒庄（Coldstream Hills）出产极高水准的黑皮诺，这是雅拉谷最知名的酒庄之一，由澳大利亚本土最负声望的葡萄酒作家詹姆斯·哈利迪（James Halliday）创立。

克莱尔山谷，位于阿德莱德北部，是我最喜欢的澳大利亚产区之一，此地区不仅出产超赞的雷司令，其出产的西拉也可圈可点。尽管白天气温较高，夜间却是非常凉爽。这简直是种植优质雷司令的完美条件（也利于生长更精致的西拉）。克莱尔山谷的雷司令属于干型且充满香气——这里的雷司令一般比德国摩泽尔（Mosel）产区的更大、更成熟，又没有新西兰或是纽约五指湖区的那么高酸。它们活力十足而欢快，最好的葡萄酒（来自于像 Jim Barry 和 Jeffrey Grosset 这样的酿酒师）经得起长时间储藏。

这些"另类澳大利亚葡萄酒"可能并不能阻止澳大利亚下一场葡萄酒危机的到来，但至少他们可以让葡萄酒爱好者看到另一个不同的澳大利亚——也是让我们给澳大利亚葡萄酒另一次机会的好由头。

真是你的好酒商

大家都知道一个技巧高超的牙医、一个称心的理发师，或是一个手指灵活的按摩师有多重要，但一个在口味和定价上可靠可信的葡萄酒商是不是同样也很重要呢？

大多数美国人可能都在便利店购买葡萄酒，但如果他们能经常拜访那些不仅卖酒，还能给出（好）建议的独立葡萄酒经销商，就一定会受益良多。一个称职的零售商应该能和顾客畅谈年份酒、产区和那些大有前途的酿酒师，还能告诉你所买的葡萄酒是否划算。

不可否认，这是比较理想的状态，有些零售商就是比起其他卖家可以提供给顾客更加明智的——或更加诚实的关于葡萄酒的判断。也有一些零售商过于依赖酒评家的评分或是他们的口味可能与你不相符合。怎么才能判断谁才是最适合你的那个呢？我个人对一些酒商的建议、品味和见解十分依赖，我这就告诉你为什么我会总去他们的店里买酒。

正直

这是一个好酒商最重要的特质，包括从卖真正有库存的酒（葡萄酒行业中的诱购①特别多）到收回有缺陷的酒。优质的酒商会卖他们自己认为好的酒，而不是因为那种酒有供应商折扣。

可靠

这看起来是对零售商的一个很明显的要求（对牙医或理发师也一样），但如果一个零售商能反复击中你的味蕾，让你爱上他卖的酒，这样的人无疑是拥有可靠品味的，或者说至少和你的口味相当契合。

---

① 译者注：Bait and Switch 是一种诱饵推销法。店商通过广告以很低的价格宣传一种产品，但当顾客上门后发现产品已卖完了，推销员乘机推销其他类似产品，但价格却是较高的。

有资源有人脉

有些酒商找酒一绝。如果我想找某支特别的红葡萄酒，他们总能想尽办法帮我找到，而且给出的价格也很合适。有些酒商与关键的进口商和批发商保持着良好的关系，以至于那些人乐于给他们帮忙。这种酒商绝对是值得相识的。

适度的冒险精神

我喜欢那种能够混合已知和未知的酒商。我当然不想每瓶酒都来自于世界上不知名的小角落。但如果有零售商总是按照派克的打分来囤酒的，那也真是懒到让人厌烦了。

合理定价

这最后一条就不用我过多解释了吧。有一些进酒很不错的葡萄酒商店我也不再光顾了，原因就是他们加价太多了。当店里的每支葡萄酒都比离我远一些的别家店贵 5～10 美元时，我就干脆去远些的店了（或让人送货更好）。我可不想让酒商一边赚着我的钱，还暗自认定我肯定是对市场价格不了解，并以此起价（这就要说到互联网的优点了，尤其是 wine-searcher.com 这个网站。时至今日，没有哪家店能够逃脱互相比价）。

入门必备波尔多

当有志成为品酒大师的人初学葡萄酒时，他们最先想要探索研究的产地之一就要数波尔多了。这当然是有一些原因的，但我认为主要是因为波尔多是全世界葡萄酒产区里等级制度最明确的地区。

新手级葡萄酒爱好者喜欢等级明确和排名清晰的东西，因为这能给他们一些葡萄酒（传闻中的）质量和价值的指导。波尔多的评级制度就可以很好地提供这方面的帮助，它把酒庄按一至五级做了数字上的排名（第一级至第五级将在下文有更多介绍）。在其他的葡萄酒区域，比如勃艮第和阿尔萨斯（Alsace）或是德国的莱茵高（Rheingau）产区，那里的葡萄园会用文字名评级，比如特级园（grand cru）和一级园（premier cru）。这种划分不仅数量庞大，而且相当繁琐，因为有成百上千的葡萄园不说，很多葡萄园还会再被切分为更小的区域。一个葡萄园可能有好几十个拥有者，而这些人的标准可能相同，也可能不同。

波尔多系统，官方的名字是1855年分级体系，起源于1855年巴黎世博会。这是当时拿破仑三世钦定的世界级博览会。于是波尔多的酒商们聚在一起，为他们畅销的（且认为是高质量的）波尔多葡萄酒进行官方的评级。他们称每一个层次为"级别（growths）"，也就是法语的"cru"（通常特指那些经分级制度认定的高质量葡萄园），评级从第一级到第五级。分级主要依照价格，也依照质量：最贵的，也就是大家期望值最高的葡萄酒是第一级，最一般且便宜的就定为第五级。

当然，当时还有大量的波尔多葡萄酒没有被评级——包括所有的干型白葡萄酒和全部的波尔多右岸酒。甜酒也没有分级，除了吕萨吕斯酒堡（Château d'Yquem）这个特例，当时只有这一家被单独评级（1855年苏玳-巴萨克分级是单独为甜酒设定的）。显然，这是因为当时在评级期间很多葡萄酒还不够出彩——或者说还有不少波尔多的酿酒师在当时缺乏必要的影响力。

列级名单并不算包罗广泛，毕竟也没打算那样——名单上当初只有58家酒庄，而当时（至今也如此）在波尔多怎么也有成百上千家酒庄。这也反映出上榜的都是酒商认为举足轻重和最值钱的葡萄酒。

不同寻常的是，最原始的排名到现在基本没有任何改变，除了一个著名的意外：有一家酒庄从第二上升到了第一。多亏了菲利普·罗斯柴尔德男爵（Baron Philippe de Rothschild）的不懈游说和努力，木桐酒庄在1973年提升到了第一级别的地位。再没有人有财力，或者有那种坚定的意志能够在这份名单上作出任何改变（可能也是波尔多的当权者发誓不允许名单在他们的看管下再作出任何改变）。

波尔多分级体系时至今日准确与否这是个问题，其答案也是极度政治化，很难说得清。一些葡萄酒专家和酒庄庄主认为有一些酒庄的级别应该得到提升。同时，也有人认为其他一些酒庄应该降级。到目前为止，什么都没有变——至少在排名名单上。但由于越来越多的顶级波尔多酒庄由酿酒世家转手到了公司，未来也许葡萄酒爱好者们想到波尔多的酒庄，更多的是把他们看作名牌产品，而不是所谓的等级制度。

从葡萄到酒杯

　　探求葡萄酒的酿造过程这事儿你有多大的兴趣了解或是需要了解呢？除非你计划走上葡萄酒酿酒的职业道路，一般来讲知道酒怎么倒入瓶里估计就足够了。

　　基本的酿造过程还是很简单的，包含一系列的步骤。第一步就是采集新鲜采摘的葡萄进行压榨，这样能释放出发酵所需的糖，发酵的过程就是把糖转化为酒精（糖含量越高，葡萄酒的酒精度可能就越高）。

　　发酵的过程需要酵母的辅助，可以是天然酵母或是人工培养的酵母（人工培养的酵母多种多样，有些只为了特定的目的，甚至是为了一款特殊的葡萄酒）。酵母一定要在足够温暖的环境下才能工作；如果温度过低或过高，发酵就会中止，这被称为"发酵停滞"（"stuck" fermentation）。除非是酿酒师故意为之（后文会作出解释），否则就会带来大麻烦，发酵就必须重新开始——尤其是酿酒师想要干型的葡萄酒（记住，未发酵完全的液体里仍存有糖，且还没有转化为酒精）。

　　有一些特意中止的葡萄酒是甜型、加强型的葡萄酒，比如波特。这被称为"抑制发酵"（"arrested" fermentation；发酵相关的词汇选择还是相当有意思的）。红葡萄酒、白葡萄酒和起泡酒的发酵技巧和时间也不尽相同。拿红葡萄酒来说，一般发酵的温度就比白葡萄酒要高。但过快或过热的发酵可能造成口味过熟（cooked）；它的香气和风味可能会特别糟糕。

　　说起发酵的时间也要有实际的考虑：如果酿酒师需要为一批新酒准备发酵池，他可能会让发酵进程加快一些。新发酵好的酒会静放几天，让沉淀到达瓶底，然后"吸干"（racked），将葡萄酒抽出，与酒泥或沉淀物分离。接下来可能要进行去杂质或澄清——这一步被有些酿酒师舍弃，他们认为这会导致葡萄酒损失一定的性格特性。因此他们的葡萄酒经常会有一点点浑浊。

　　二次发酵，被称为苹果酸-乳酸发酵，经常用来柔化葡萄酒。大多数情况下制作红葡萄酒和很多白葡萄酒时都会这样做，除了像雷司令或长相思这种需要高酸的品种。之后这些葡萄酒（尤其是红葡萄酒）可能会被吸入橡木桶；白葡萄酒可能被转入橡木桶或不锈钢罐中。

从这时起，酿酒师开始寻求葡萄酒接触氧气的最小化，所以他们可能会加入一点二氧化硫，起到防护层的作用（有些酿酒师为追求"天然"的哲学，不放或几乎不放二氧化硫——这就说来话长了——但这会使他们的葡萄酒不太稳定，尤其是从贮存和运输来看）。

装瓶是最后一步，可能发生在几个月（白葡萄酒和桃红葡萄酒一般在新鲜"年轻"时饮用比较好）到几年，甚至是几十年后，这取决于葡萄酒的种类和酿酒师的哲学理念。

这就是基础酿酒工艺的梗概。当然，还有很多具体细节和细化之处，大多数也会被放到酒庄网站上和大家分享。这是因为酿酒师，甚至扩展到葡萄酒市场团队，都乐于谈论他们用到了什么独特的酿酒方法。酿酒是生物，是化学，也是艺术。

夏布利喝起来

　　模仿是最真诚的恭维。对葡萄酒而言，这可能就是展现其真正伟大的一种方式，比如夏布利。这些年来，没有几款酒能像夏布利一样总是被模仿。什么粉红夏布利、高山夏布利，当然别忘了嘉露（Gallo）公司还致敬推出了"加州"夏布利。

　　夏布利代表了一类干型、适口的白葡萄酒，其最大的特点其实就是便宜。还有一些杰出的葡萄酒也和夏布利一样容易遭到仿制，比如仿造的红勃艮第、波特，甚至苏玳（Sauternes），只不过假苏玳的英文拼写与真正来自法国的餐后酒苏玳有所不同，仿品的英文是 Sauterne，没有结尾的"s"。

当然，世界上只有一个真正的夏布利，叫这个名字的葡萄酒是名副其实的伟大（更别说是合法的）。它由霞多丽酿造而成，长在位于法国巴黎南部的夏布利产区（夏布利是勃艮第的五个子产区之一，尽管从地图上看它更像是香槟区的一部分）。

夏布利和香槟区有很多共同点——甚至它们的土壤也非常相似，白垩白石灰质土壤相当漂亮，尤其在海峡的另一边展露出来时更加惊艳，比如多佛白崖（White Cliffs of Dover）。

夏布利的土壤形成于几千年前，富含化石和矿物质，甚至有很多生蚝壳可以追溯到几千年前，当时夏布利还处于水下时代。这可能也是为什么人们有时会形容顶级的夏布利有生蚝壳的味道（不过这样听起来确实有一些造作的嫌疑）。

夏布利的风味确实独特突出，坚硬的矿物质感，非常干，酸度也相当高。酒体纯净——在酒杯中几乎可以说是闪闪发光。事实上，当听到有人形容一款白葡萄酒特别清澈时，他会说："它就像夏布利一样。"

夏布利有几个种类，就像金丘（Côte d'Or，另一个勃艮第的子产区）一样，夏布利也分为同个质量层级，最低级别是小夏布利（Petit Chablis）——酿造葡萄酒的葡萄生长于山上不是太理想的土壤上。夏布利可能是唯一一个有"小"（Petit）版本这回事的伟大的葡萄酒产区。

下一个高一级别的葡萄酒就被简单地称为夏布利，酿造的葡萄来自产区里的任意地点。所有的顶级制造商在酿造更华丽的一级园或是特级园的同时，也会制作他们基础版本的葡萄酒，而这些基础款可以说是性价比非常高。"基础"的夏布利一般陈年贮藏几年后最适合饮用，但其实它们有时候可以存放相当长的时间。有一次，我在纽约的一家餐厅喝到了12年陈酿的夏布利，口感相当不错，价格也出人意料的划算——在酒单上竟然不到30美元。

夏布利一级园就质量来说就是比较高的了。这些酒产自于指定的一级葡萄园，他们声称自己酿造的酒口感更加强烈且富有深度。最后，有7个特级园被认定为拥有最高品质的葡萄酒。这些地区出产的葡萄酒可以被优雅地陈年贮藏，并随时间的推移成就更丰富的风味和质感，颜色也更深。结构合理的特级园夏布利可以轻松存个十年或更久（取决于年份和酿酒师），慢慢变得更加复杂和有趣。不像金丘的勃艮第特级园，特级园夏布利价格难以置信的亲民。它相比于同级的金丘，

至少便宜一个小数点，甚至两个小数点，一款特级园夏布利也就 75 美元，而一款勃艮第特级园的白葡萄酒如果产自金丘，例如蒙哈榭（Montrachet），可以随随便便要价十倍。换句话说，夏布利的酒不但收藏家渴求，连大众和葡萄酒作家也能收藏得起。

我最钟爱的一些夏布利制造商包括 Dauvissat、Raveneau、Christian Moreau 和 William Fèvre。这里面除了 Raveneau 拥有狂热粉丝追捧（在夏布利很不寻常），其他几家的酒都比较好找，这也是夏布利的另一大卖点。

夏布利也深得侍酒师所爱，因为它和食物很好搭配，它酸度高，也不常入橡木桶陈年贮藏。橡木桶的味道真的很难搭配食物，它容易弱化食物风味而不是加强。

最后，夏布利的发音也十分好听。它的名字在嘴间一摩擦滑动而出，就像是一种爱抚而不是念词汇，就像酒在杯中滑动。

烹饪之选

　　有一个问题经常能把我问住，那就是：什么葡萄酒最适合烹饪？我觉得这有些难回答，倒并不是因为我不用葡萄酒做饭，我是用的，而且频率还不低。但如果有人问我哪款酒特别适合烹饪，我的回答一般是：看情况而定。

　　首先，这取决于菜谱对酒的要求。大多数食谱会给出所需葡萄酒的大体方向（比如，一款干型白葡萄酒或是干型红葡萄酒）。有些会更确切一些，明确列出需要雷司令或是黑皮诺，甚至把所需品牌也列出来，但一般这都是杂志广告商搞出来的，和菜谱关系不大。

　　这也取决于你想要喝什么酒，因为我认识的大多数人会把这两者结合起来：喝的酒也能用来烹饪，反之亦然（不过这样的话，做菜时使用刀具来就有些危险了）。

　　我倒不倾向于这种做法。我一般会区别对待这两种酒的不同用途，尤其是当葡萄酒的风味可能会体现在菜品当中。这也要看葡萄酒是否是菜肴的关键，还是只是最后几分钟撒上用来溶解锅底的结块。如果葡萄酒是重要的一味原料，其质

量也就不容忽视。

有些人选酒是看他们要做什么菜。我的朋友 Gabrielle 一般不会过多考虑用什么酒来做菜（她的唯一标准就是开了瓶的就用），除非是要做鸡肉类的菜或是做汤，她认为酒的风味会传递到菜里，那样的话，她就会选择果香较强且"不太过强势"的葡萄酒，比如雷司令。

我的朋友 Allison 也偏爱用带果香的葡萄酒来做菜，她认为这种酒可以为菜品添加一层风味，那是高酸、矿物质味道的葡萄酒所欠缺的，尽管事实上她并不喜欢喝带果香的葡萄酒（这也是为什么她会挑最便宜的果香葡萄酒买）。

说到烹饪用葡萄酒，我连碰都不想碰的就是真在标签上注明"烹饪葡萄酒"的那些，那种酒一般会在杂货店销售（而不是葡萄酒区）。那些酒很可能含有添加剂，比如盐、山梨酸钾和焦亚硫酸钾。你真认为这些东西能够让食物变得更好吗？

不过话说回来，我必须承认我对网上找到的一款烹饪葡萄酒还是非常好奇的。庞培（Pompeian）"勃艮第"烹饪葡萄酒含有常见的盐和防腐剂，但同时它上面竟然写着"来自西班牙的勃艮第"。推销词说这是一款"强劲有活力的来自西班牙的优质勃艮第葡萄酒"。这引起了我的兴趣——法国和西班牙竟在一瓶酒中融合。对一款 2 美元的葡萄酒来说，这地理广度还真是可以。

廉价酒的故乡

用"便宜好喝"形容一款酒其实并不是太贬义的词（尽管这些酒的酿酒师可能会不同意）。当人们形容智利葡萄酒的时候，"便宜好喝"总是被人们反复放在嘴边。

智利酿造葡萄酒有几百年的历史了，但直到 20 世纪 90 年代起，他们的葡萄酒才算是在全球得到了一定认可。不过也不知是幸运还是不幸，人们印象中的智利葡萄酒都在低于 10 美元这个档位上，即便现在智利葡萄酒的品质已经有了巨大提升，还是没能完全逃脱这个命运。

智利的梅洛和长相思很快在美国葡萄酒商店找到了商机，更多时候是在便利店里。只要价格便宜，它们还是非常受欢迎的。有一些严肃的智利葡萄酒闯过了 10 美元的大关，但世界上大多数人对智利葡萄酒的认知还是"便宜"，因为 10 美元档的智利葡萄酒仍然是非常不错的。

很少有人了解或欣赏智利葡萄酒，可能和它的地理位置有关。美国大多数葡萄酒爱好者对智利最重要的葡萄酒产区（如卡萨布兰卡 Casablanca、迈坡 Maipo、空加瓜谷 Colchagua 和莫莱 Maule）都搞不太清楚，对他们来说，好像智利葡萄酒不用看原产区，看看价格就够了。

但如果葡萄酒爱好者近一步了解智利的风土会怎么样呢？他们很可能会发现每个产区之间还是有明显区别的，就像勃艮第和波尔多的区别一样。以卡萨布兰卡（这名字不论作为葡萄酒产区名还是电影名都很棒）为例来看，那里凉爽，被云雾所笼罩，产区离海洋只有几公里远，智利最好的白葡萄酒都产在这里，尤其是长相思和霞多丽。

卡萨布兰卡对于智利酿酒人来说算是相当新的发现，那里从 20 世纪 80 年代起才开始种植葡萄。它周围还有两个更加凉爽、更新的产区，有些人认为那里有潜力成为更成功的葡萄酒酿造产区：圣安东尼奥（San Antonio）和利达（Leyda，出产极优质的长相思）。但这两个地方现在并没那么出名，估计是因为名字听起来没有卡萨布兰卡（听起来有电影的感觉）那么吸引人吧。

迈坡谷是智利年代最久远也最重要的产区，几个酒庄都有150年的历史。一些著名的酿酒厂，如桑塔丽塔酒庄（Santa Rita）和干露酒庄（Concha y Toro）都位于那里。迈坡多出产结构强健的波尔多风格葡萄酒，包括干露酒庄的魔爵（Don Melchor），它是智利出品的第一款著名的葡萄酒（而且它一直相当低价，一瓶价格才55美元，估计是世界上最能让人买得起的王牌葡萄酒了）。

另外两个重要的产区谷——空加瓜谷和莫莱，它们的名字元音太多，非常难念。智利人把空加瓜谷比作纳帕谷，因为他们最重要的葡萄酒酿造商都在那里。在这两个产区，主要的葡萄品种是赤霞珠、梅洛和卡门尼亚（Carménère）。西拉和马尔贝克（Malbec）在空加瓜谷种植得也很不错，拉博丝特酒庄（Casa Lapostolle）可能就是在空加瓜谷最出名的了。

莫莱山谷离圣地亚哥非常远，可能就是这个原因让它受到了忽视，知名度很低。那里也出产很多便宜酒，有些不怎么好喝，但质量还是一直在提升的，并且当地酿酒商生产葡萄酒的范围很宽——赤霞珠、佳丽酿（Carignan）、马尔贝克和梅洛，也产霞多丽和长相思，甚至还有一些黑皮诺。

其实除了"便宜好喝"，还有很多词可以用来形容智利葡萄酒，比如"野心勃勃"和"丰满强健"。也许智利葡萄酒永远也达不到其他一些国家葡萄酒的名望（毕竟有太多酒是在杂货店里销售的），但智利还是有一些个性突出和富有历史重要性的葡萄酒的，是的，这些葡萄酒也是很有价值的。

从随处可见，到遭遇不公平待遇

有些葡萄酒声名远播，有些广受喜爱，还有一些就好像只是随处可见。一个典型的例子就是奇扬第（Chianti）——至少有很长一段时间是这样。

它是美国葡萄酒单上的必备选项，不管是不是意大利餐厅。奇扬第这酒名字好念，酒也易饮。它既不复杂也不挑战人的味蕾，甚至也算可口，而且酒瓶下半部分会有可爱的稻草瓶包裹（叫做 fiasco），喝完后可以作一个精致的蜡烛台使用。

但近几年产生了很大变化。奇扬第也开始变得严肃起来，甚至价格也提高了不少，也不再是哪里都可以见得到了。这对奇扬第的形象或是顶级的酿造商可能是好事，即使这意味着越来越少的酿造商能继续生存下去。

奇扬第的酿酒师们开始尝试非传统的葡萄品种，比如赤霞珠和梅洛与桑娇维塞（Sangiovese）葡萄混酿，桑娇维塞是托斯卡纳（Tuscany）本地的葡萄品种。这相对于以前使用的葡萄种类绝对是个升级，之前他们会用特雷比奥罗（Trebbiano），一种口味平淡且无甚特色的白葡萄品种。葡萄酒的质量总体得到了质的飞跃，但传统的奇扬第酿酒师却感到有些恐惧。赤霞珠和梅洛可不是托斯卡纳的品种。即使是全部用桑娇维塞酿造的葡萄酒都会被认为是异端——味道可口也不是理由。对于死板保守的老派酿酒师来说，传统比优秀更为重要。

实验派只能在他们的葡萄酒上贴上"vino da tavola"的标识，意思就是餐酒。不过随着取得的关注越来越多，盈利也远远超过"真正"的奇扬第，意大利政府最终也松了口，改变了态度。一个新的名称"IGT"（Indicazione Geografica Tipica），也就是地区餐酒被引用进来，给了酿酒商一定的自由度。

他们不得不认可这些标新立异的酿酒师所酿造的葡萄酒比传统的口味更佳，以至于他们逐渐改变了法律。首先，他们允许全桑娇维塞酿造的葡萄酒标名为奇扬第，而后甚至也允许奇扬第混入一些赤霞珠和梅洛。

今天的奇扬第可能还没有获得与旧时代葡萄酒同等的认可度——它们没那么好找，也肯定没那么便宜——但不会再有人叫它们"fiasco"了，更别说用它们作烛台了。

甜酒大集合

如果美国人对餐后甜酒的热情能有他们对甜品的一半，那么那些波特酒制造商、雪利酒酒厂，以及那些像里韦萨特（Rivesaltes）和巴纽尔斯（Banyuls）这些不知名的葡萄酒酿酒商就都能保证盈利了。唉，我们真不是一个喜欢餐后酒的国家。我们饭后想到的往往是冰淇淋。

餐后甜酒总是被认为不够复杂（"毕竟，伟大的葡萄酒都是干型的，而且红葡萄酒比白葡萄酒更好"）或是太过放纵（"除了酒精你还需要那么多糖吗"）。但事实上，不少甜酒在全世界范围来说都算得上是最复杂、最精致和最迷人的葡萄酒。它们范围广，从几乎不甜（意大利的莫斯卡托或德国的晚收 Spätlese 葡萄酒）到如糖蜜一样甜（有一款澳大利亚的麝香葡萄酒 Muscat，大家戏称它为"黏如蜜（sticky）"）。

甜酒类别之广泛让我很难在篇幅如此小的文章里全讲完（考虑到那篇聊"干型"葡萄酒的文章想讲清更为荒谬），但有三类甜酒是我的至爱，我觉得葡萄酒爱好者还是应该（更多地）了解的。

莫斯卡托甜白（Moscato d'Asti）是轻型起泡餐后甜酒里我的首选。这可不是那个说唱明星歌里的莫斯卡托，而是产自意大利皮埃蒙特（Piedmont）产区阿斯蒂（Asti）的一款酒。它精致而且酸度明显，口感清新，酒精度低。只需搭配一份简单的水果，比如一只熟透的梨——就很完美，这让它几乎成了一款减肥的饮料。我还喜欢赛拉图（Ceretto）庄园的葡萄酒，它也恰巧位于皮埃蒙特产区。

我喜欢的第二款甜酒曾经在几十年前风靡一时，然后又销声匿迹了。那就是博姆－威尼斯麝香（Muscat de Beaumes-de-Venis），这是全世界利用麝香葡萄酿造的几百种餐后甜酒之一（莫斯卡托和麝香其实是同样的葡萄品种，只是葡萄酒的风格有很大的不同）。

小粒白麝香（Muscat Blanc à Petits Grains）是一种来自罗纳谷的甜酒。它有着伟大的历史（老普利尼曾经也是它的粉丝）和相对低的酒精度（15%）。也有不甜的博姆（有时候人们会这么称呼它），红、白葡萄酒都有，但餐后甜酒诱人的香气是它吸引人的一大原因（有佛手柑茶和橙皮的味道）。这款酒既不过于清淡也不过于浓郁，配（各种）甜品挞都很完美。我最喜欢的酿造商是橘畔酒庄（Domaine de Durban）。

年份波特是我在厚重、浓郁餐后甜酒中的最爱，在酒体和酒精度上与莫斯卡托对立（16% v.s. 10%）。它不仅是葡萄牙最伟大的葡萄酒，也是世界上一大奇迹。波特酒的种类其实很多（茶色、宝石红、迟装瓶波特、单一酒园年份，当然还有年份波特），而年份波特可以说是波特酒中的"圣杯"。

年份波特只占波特产量的很小一部分（只有不超过 2%的波特酒是年份波特），但它绝对是那里最具声望的葡萄酒。它只产自最好年份的最优质的葡萄（一款伟大的年份波特诞生时，其酿造者往往会向全世界"宣告"，出现频率大概是每十年三次），年份波特最开始几年会经过木桶培养，然后再装瓶。一瓶顶级酿酒师（泰勒酒庄 Taylor-Fladgate、格兰姆 Graham's 和道斯 Dow's）酿造的顶级年份波特即使不用十年，也要好几年的时间来熟成。这是另一个时代的葡萄酒，是智慧和味觉的双重盛宴。

美国人可能喝下去的"甜"酒比他们认为的要多。毕竟，美国葡萄酒法把任何酒精度在 14%以上的酒都贴上"餐后甜酒"的标签，以至于包含进去了很多纳帕赤霞珠和索诺马的仙粉黛，甚至还有一些霞多丽（现在干型的发酵可以达到比刚通过法律时高得多的酒精度）。可能那些害怕甜酒的葡萄酒饮用者可以考虑来一杯低酒精度的莫斯卡托，然后稍微少喝一点赤霞珠。

享受绿维特利纳

每过一段时间，就会有一个葡萄品种能够俘获世界各地（至少是美国）葡萄酒饮用者的集体想象力，这种趋势从未减退，黑皮诺就是这个事实的例证。无论从葡萄酒爱好者或是酿造商的角度，它的热度丝毫不减。霞多丽也是一样，虽然它并不是一直受到赞誉，它流行的终结早在几十年前就被预言，那时一些对霞多丽无感的人对它采取敌对的情绪，当时有个词叫 ABC（Anything But Chardonnay，喝什么也不喝霞多丽的意思），完全说明了他们的立场。

绿维特利纳（Grüner Veltliner）在它持续的流行势头和广受好评的程度上算是和黑皮诺最接近的。从它最早在美国出现到现在约 15 年，走势仍然强劲。

侍酒师是最先也是对这一类葡萄最热情拥护的人，估计是因为它们十分适合搭配食物。它是干型的，但又不会太干，有香气但又不会太香——带有更多白胡椒和香料的气息，而不是薰衣草和玫瑰的气味。酒体不太瘦，也不会过重，酸度是那种会在口中带来一些刺激感的程度。

绿维特利纳是奥地利的明星葡萄，即使有些奥地利葡萄酒商声称他们更偏向于奥地利雷司令，绿维特利纳也是他们的主力葡萄品种。绿维特利纳在其他国家也有种植，尤其是意大利北部的上阿迪杰（Alto Adige）地区（在一战前属于奥地利）。绿维特利纳近年来甚至在加利福尼亚、华盛顿州和纽约都有种植。

绿维特利纳还有一个名字上的优势就是发音有趣，尽管大家总是容易把它的重音读错。念成"Grooner Velt-LEENER"，而不是"GrOONer Veltliner"（我的正确发音是我以前的一个邻居教的，一个奥地利出生的弗洛伊德派心理分析师）。有人还把它的名字变得更加嬉皮一些，称之为 Groo-Vee。绿维特利纳的价格一般比较合理：不到 15 美元就能轻松找到一款不错的，还经常是一升装的大瓶。

绿维特利纳也有一些更严肃的葡萄酒——这对任何流行的葡萄酒都至关重要，必须有升级版。单一葡萄园、单一酿造商的绿维特利纳可以卖到几百美元一瓶，同时也更受追捧。大部分这些酒来自于奥地利风景如画的瓦赫奥（Wachau）产区，那里甚至对绿维特利纳和雷司令有自己独自的分级系统。

"Grooner Velt - <u>LEENER</u>"

"GrOO - VEE"

　　瓦赫奥把这些葡萄酒分为三级：最轻盈的葡萄酒称为芳草级（Steinfeder），这些酒往往意味着适合新鲜、年轻时饮用；第二类葡萄酒更加敦实且酒精度更高，它们被称为猎鹰级（Federspiel）；第三类是蜥蜴级（Smaragd），浓郁强大且一般都是干型。瓦赫奥的绿维特利纳具有强大窖藏潜力（这三个称号事实上也适用于雷司令）。这些分类仅仅在奥地利使用，估计除了侍酒师或是绿维特利纳的痴迷者，没有什么人会知道这些分类是什么意思，而别说如何（正确）发音了。

　　绿维特利纳能不能守住像黑皮诺甚至霞多丽那样受到爱戴的地位呢？葡萄酒爱好者变化无常（西拉的酿酒商已经深知这一点），毕竟侍酒师改变想法也像换酒单那么勤。但由于绿维特利纳的优点数不胜数，我敢打赌绿维特利纳还会在美国葡萄酒爱好者中流行很长一段时间，甚至可能长到把它的名字正式改成 Groo-Vee。

开拓者俱乐部

出名的葡萄酒品牌总是特别好找：从黄尾袋鼠（Yellow Tail）到唐培里侬香槟王，它们的名字醒目地印在标签上好让我们轻松发现。但有那么一些葡萄酒进口商，因为他们所选的酒总是那么优质美味，他们可靠且值得信任，以至于他们自己也变成了葡萄酒品牌。有一些酒商（如 Kermit Lynch、Neal Rosenthal 和 Terry Theise）的选酒技艺特别高超，所以葡萄酒饮用者说起"一款 Kermit Lynch 葡萄酒"的次数和谈论起其他葡萄酒的品牌一样多。

美国有十几个这种水平的葡萄酒进口商，可以说他们的名字就是高品质葡萄酒的保证，他们选的酒不仅好喝，还有带有强烈的"地区特色"。

Lynch 先生与 Rosenthal 先生并不是第一代值得关注的酒商，在更早的前辈中，比如美国酒商 Alexis Lichine（是的，在那个年代酒商都是男性），他们的名字会出现在葡萄酒瓶的背标上（有时候也会在正面酒标上）。

Lynch 和 Rosenthal 等在二三十年前的现代葡萄酒酿造业中成为了行业的先驱。他们开始在法国、意大利、西班牙和德国搜寻，并开发出一些葡萄酒爱好者之前从未听说过的小产区和优质酿酒商，如卢瓦尔河谷的都兰（Touraine）、法国南部的露喜龙（Roussillon）、意大利的马凯（Marches），以及德国的巴登（Baden）和纳赫（Nahe）。

这些进口商启发了一代男人和女人（当然女人的数量还是少得多）下决心做同样的事。他们追随着他们的导师前辈进入了相同的国家，然后再扩展到更多地方，探索到斯洛文尼亚、新西兰和澳大利亚。有一些进口商也赢得了自己有辨识度的口碑和名气，但很多还没有——至少现在还不行。

我问了 Theise 先生关于他从葡萄酒进口商进化到葡萄酒品牌的一些想法，他的回答谦逊却也直接。他说他所代理的酿酒商是最大的赢家。事实上酿酒师的工作得到了认可，他们的酒就能卖个好价钱，这也给 Theise 先生带来了很大的成就感（Theise 先生进口了奥地利和德国的高质量葡萄酒，同样还有小批量生产的香

槟——这个类别可以说几乎是他在美国所创造出来的）。

　　Theise 先生几十年前创建公司的时候，美国人几乎不喝奥地利葡萄酒，大家也只知道像巴黎之花（Perrier- Jouët）和酩悦这样的大品牌香槟。但 Theise 先生有着出色的营销才华，他把香槟种植者称为"农夫"，把他们从大商品房中区别了出来，他把他们的葡萄酒称为"农夫香槟"（farmer fizz），很快就流行了起来。哪个葡萄酒爱好者不想试试农夫酿造的香槟呢？

　　至于谈到自己的名字已经成为品牌，Theise 先生认为这带来了一定的责任和特权。当然对卖酒是有助力的，但他也感觉到了巨大的压力，要确保他的客户"几乎永远不失望——这比听起来难做得多。"

　　事实上，在我看来，这简直是太困难了。几乎从不让别人失望，尤其是用一瓶葡萄酒来实现，简直是一大丰功伟绩。但 Theise 先生和他的同伴们看起来已经做到了，他们的酒就是那么让人依赖。也正因如此，他们从一个"简单"的葡萄酒销售升级成了响亮的品牌。

纽约州心态

多久才能让一个以披萨和政治闻名、有独特心态（a certain state of mind 根据 Billy Joel 所唱）的州变成一个稍以葡萄酒著名的地方？答案是：差不多 50 年。纽约州经历了这么长的时间，终于被认为是好酒的故乡了。

纽约州有几个地方是产好酒的——第一个，也可能是最知名的一个，就是州西北部的五指湖区。一般认为第一个严肃酿酒师是丘卡湖（Keuka Lake）弗兰克博士酒窖（Dr. Frank Cellars）的康斯坦丁·弗兰克博士（Dr. Konstantin Frank）。尽管他一生被认为是个名誉不佳的疯子（主要由于他想种植雷司令），但当 1962 年他成功酿造出甜型雷司令的时候，也被正名为创造出了第一款严肃的五指湖区葡萄酒的人。在那之前，所有产区的酿酒师都专注于种植拉布拉斯卡纳（Labruscana）或是美国本土杂交葡萄品种，它们虽然不是特别优良，但非常抗寒。

这些并不能给人带来太大惊喜的耐寒葡萄酒包括卡托芭（Catawba）和黑巴科（Baco Noir），它们至今在哈德逊河谷（Hudson Valley）和五指湖区仍有种植。

弗兰克博士进而在几年间酿造其他的葡萄酒，甜型、干型还有起泡型，这也启发了另一代五指湖区的酿酒师，他们和博士一样有着好头脑、好心态，只是没那么疯狂。弗兰克博士的得意门生 Hermann Wiemer 建立了自己的酒庄，酿造出了比自己导师更好的雷司令。相应地，他也教出了自己的天才学徒 Fred Merwarth，他后来甚至收购了 Wiemer 的酒庄。

现在在五指湖区至少有十几家酿造高等级雷司令的酒庄，也有广泛的其他种类的白葡萄酒和红葡萄酒（质量有高有低）。事实上，如今的五指湖区已经成为激励年轻酿酒师的圣地，这都得益于它低廉的葡萄园地价（是纳帕的二十分之一），与康奈尔大学毗邻的位置，以及种植多种葡萄品种的可能性。20 多年前，人们只能谈论五指湖区的雷司令，现在，酿酒师已经成功种植了琼瑶浆、霞多丽、赤霞珠，甚至（可能）还有黑皮诺。

同样的故事在长岛东部的南北叉（North & South Forks）葡萄酒产区也在上演，那里奉行多样化。不过由于现在已经成为度假胜地（离曼哈顿只有两小时车程），那里的葡萄园地价贵了很多。夫妻组合 Alex 和 Louisa Hargrave（现已分居）40 年前在北叉种下了第一批酿酒葡萄，尽管业绩时好时坏，他们也吸引了一些酿酒师同僚决定关注一些相似的葡萄品种，如霞多丽、赤霞珠和梅洛。

其他南北叉的酿酒师也种植其他品种，如品丽珠（也是时好时坏）、长相思（非常成功）、西拉（不太成功）、阿尔巴里诺（Albariño）和白诗南（我的最爱，但到目前为止，只有一家白诗南酿酒厂，即葡美奥克酒庄 Paumanok Vineyards）。在南叉，钱宁女儿酒庄（Channing Daughters Winery）的酿酒师 Christopher Tracy 出品的葡萄酒产自一系列让人意想不到的品种（特洛迪歌 Teroldego、灰皮诺 Pinot Grigio、托凯－弗留拉诺 Tocai Friulano），并且很多品质极佳。

可能纽约州酿酒师最大的成就就在于他们的葡萄酒不光质量高，还有些嬉皮。现在不想在布鲁克林（最嬉皮的行政区）的葡萄酒单上看到纽约州的葡萄酒都难了。这可是纽约州酿酒师在 10 年前没有预见到的，毕竟当时他们还苦苦挣扎着试图找到市场。没有哪个市场比纽约州更难做和挑剔了，它需要时间来得到突破。Billy Joel 可能能体会到这一点。当他 40 年前写《纽约心态》（*New York State of Mind*）的时候，这首歌并没有立即走红，甚至没成为一首单曲来发行。正是 Billy Joel 一遍又一遍地弹奏它，才让它赢得听众的喜爱，最终甚至被用作一些活动的主题曲。

不再自相矛盾

一些新的葡萄酒产区是"旧－新"区，意思是，葡萄藤已经在一个地方种植了很久，但又被重新种植并重新焕发了活力。另一些产区是"新－新"区，也就是说，这些地方的葡萄园真的是第一次种植葡萄。尽管前一种听起来更有质量保证，后一种却是更让人兴奋——因为这看起来真是很不可思议。

就拿新泽西来举例，这可以说是听起来和优质葡萄最搭不上关系的州了，西红柿可能还差不多，还有芦笋，当然还有大商场。但新泽西和优质葡萄酒是不会联系在一起的。

但新泽西也是有些好酒的，尽管是近年才有的事，且数量非常有限。有酿酒师种植绿维特利纳和西拉，也酿造出一些相当不错的霞多丽。我认识的一个新泽西酿酒师辞去了纳帕谷一个非常不错的酿酒工作来到这里。他想做些大事，并感觉新泽西这个"花园州（Garden State）"有巨大的潜力。他甚至想走得更远，声称新泽西如果选对了葡萄品种，将可以匹敌纳帕（可能还得拆掉几个商场）。

上面提到的这位酿酒师受雇于一个非常靠近新泽西与宾夕法尼亚州边界的酒庄，离海岸约 50 英里。这个产区被称为外海岸平原法定种植区（Outer Coastal Plain），从州的一边一直延伸到另一边。这也是很多新兴葡萄酒产区令人好奇的一个事实——它们总是占地面积很广。OCP（当地人这么称呼它）原产地面积超过两百万英亩，从 OCP 的网站上看，好像整个州南部的半边都让它占了。

现在 OCP 产区里的酒庄还非常少（大概 20 个），而且葡萄酒品种广泛——从好的到非常差的——但没准儿这个产区未来也能成为一个非常有趣，甚至值得一访的葡萄酒产区也说不定。毕竟，很多葡萄酒产区不也曾经不被看好（大家还记得长岛吗）。而且 OCP 还有一个优势，这个首字母缩写名听起来还是非常不错的。

谁在记分

葡萄酒有很多评价方式，但最广受欢迎同时也广受诟病的只有一个。100 分评分系统据说最先由葡萄酒评论家罗伯特·派克开始使用，而后也一直被很多评论家和出版物采用。评判这个系统的好坏取决于你的哲学素养、识别力，甚至是你所在的地区。

比如说，如果你居住在英国，你的感觉可能和很多英国葡萄酒作家一样：他们觉得这个系统简直荒谬或更糟——更别说英国评论家一般使用英国自己的数字系统，他们打分的数字会小一些。著名的葡萄酒评论家迈克尔·布罗德本特（Michael Broadbent）就使用一个 20 分的打分系统。

有一些作家喜欢给葡萄酒评星级，这个方法看起来比较主观，尤其是还有半星这回事。半星的价值是什么呢？其他还有人爱用一些不同程度的形容词来显示对酒的评价。英国葡萄酒作家和评论家 Clive Coates 特别以此著称，他的评分包括好（Fine）、非常好（Very Fine），甚至还有超级好（Very Fine Plus）。尽管 Coates 先生也同时提供精彩详实的品酒笔记，但好像你只有认识他本人才能搞清楚他评出"超级好"到底是什么标准和意思。

100 分系统的优点在于，就像派克先生解释了无数次的那样（其他评论家可能也用这个系统，但在大多数情况下，只有他才会去捍卫这个系统）：足够简单，足够熟悉。美国人很了解这个系统，大家从小到大在学校里也是使用这个分数系统（可能这是英国人不喜欢它的另外一个原因）。大家都知道要是考试考了 90 分就意味着还挺不错——尽管说不上完美。得个 85 分就意味着还有很大的进步空间——这个论文你可能就想藏起来不让父母看到了。

有些人（尤其是酿酒师）不喜欢把酒化成一个数字。他们认为这简直是剥夺了酒的艺术感和神秘感，但数字正是酒评家想要的。一个数字比"超级好"这个评价在某种程度上说更清晰。

葡萄酒零售商也喜欢数字，尤其是那些不想、不能、缺乏形容词去描绘葡萄酒的复杂度和细微差别的人。数字系统可以说是一个高效的销售工具：分数越高，越好卖。给出高分的作家名字也会展示在店里货架上的明显位置，有点儿像电影评论家的名字也会很醒目的出现在报纸的电影广告栏。一款酒获得高度的评价，对于酒和评论家都是最好的宣传。

然后我就想说说 100 分系统中的满分酒了。100 分尤其容易触怒那些反对这个系统的人们。怎么能有人说他们有过完美的体验，或者说他们怎么能一次又一次让人们的期望值升到顶端，让大家也期望能体验到完美呢？我知道有一些葡萄酒收藏者只买满分酒，据派克先生说，满分是在特定环境和时间下给出的，也就是说"那一瞬间体会到的是完美"。

如果衡量葡萄酒所带来的情感上的愉悦值才是分数所真正描绘的，那这个系统更应该被称为"100 分愉悦系统"，这个名字我愿意给出"超级好"的评价。

红粉美颜

　　我不觉得大多喝葡萄酒的人会谈论或考虑葡萄酒的颜色。我倒想看看哪个喝霞多丽的人会谈论他喝的酒是金色还是有点儿发绿，或是哪个赤霞珠爱好者会为它石榴红的色调而狂喜。但喝桃红葡萄酒的人确实就不一样了。他们喜欢欣赏桃红葡萄酒的色泽，和喜欢喝的程度一样，甚至可能比喜欢喝的程度更高。

　　这可能也就是为什么桃红葡萄酒的评价标准与其他红葡萄酒和白葡萄酒不同——桃红葡萄酒当然是迎合了那些追求口感爽脆和清爽的人，但也迎合了追求杯中酒色泽可爱美丽的人（这也是桃红葡萄特别用来吸引女性的原因——毕竟，男人一般不追求粉红可爱）。

　　但桃红葡萄酒什么颜色才是美的呢？也就是说，什么颜色才是最对的呢（实际上，在普罗旺斯有对颜色的指导原则）？色调的范围可能包括：从淡桃粉色至艳粉色，最后到趋向于红的深粉。葡萄的品种和酿酒师的酿造风格都会影响酒的颜色。比如说，单宁高的黑皮葡萄（如赤霞珠或西拉）酿造出的桃红葡萄酒就会比皮薄的黑皮诺颜色深得多，毕竟颜色主要来自于葡萄皮。

　　酿造工艺也有影响。桃红葡萄酒的酿造方法各有不同——葡萄皮接触法、放血法（saignée）还有混合法——有些方法在世界上特定地区是被官方允许（或禁止）的。葡萄皮接触法是将黑皮葡萄破碎，使葡萄皮和葡萄汁接触几天再进行发酵。接触时间的长短可以决定桃红葡萄酒的颜色。

　　放血法（英文也称"bleeding"）是指在发酵红葡萄酒前，一些葡萄酒会被放掉。被放出来的葡萄酒可以用来制作桃红葡萄酒（也可以制作更好的红葡萄酒）。这即使不能让桃红葡萄酒更加复杂，至少能更加有活力。在桃红葡萄酒的王国普罗旺斯，直接压榨法比较流行。其被称为"intentional" Rosé，也就是专为酿造桃红葡萄酒而用；反之，放血法一般是酿造红葡萄酒的副产品，红葡萄酒为主，桃红葡萄酒次之（普罗旺斯在历史上一直给桃红葡萄酒的不同颜色加以命名——这也符合它桃红葡萄酒王国的身份）。

　　最后一种方法在普罗旺斯是非法的，只有在香槟区和美国、澳大利亚这些地方才可以使用。它实际上允许在红葡萄酒混入一些白葡萄酒以得到桃红葡萄酒。这听起来容易让人质疑，但在香槟区是得到严格控制的。

　　不管采取什么方法或是选择什么葡萄品种，桃红葡萄酒近年来流行趋势一直上扬，其销售额一直呈上升且没有减缓的迹象。事实上在全世界范围内，所有的葡萄酒商店都会配有精致的桃红葡萄酒供挑选，而餐厅的酒单上也不会少了它。大多数情况下，桃红葡萄酒都会单独列在一起——不管品种是歌海娜（Grenache）、赤霞珠、黑皮诺，也不管是在法国还是在奥地利。我只见过一家店按照比较正规的方式列出了桃红葡萄：按颜色从浅到深排列。

别放硫磺

葡萄酒商店里人们最常见的要求并不是要红葡萄酒或是白葡萄酒，而是要"无亚硫酸盐"的酒。有些人喝完一杯或一瓶葡萄酒后，会有些头疼，他们总是觉得因为酒里有亚硫酸盐，因此他们常年都去找不含这种物质的葡萄酒。其实，这种酒其实并不存在。

亚硫酸盐是每一款葡萄酒在发酵过程中产生的天然产物，而且往往在装瓶前还会（以二氧化硫的形式）添加进去。这样可以有效防止葡萄酒氧化、后期变质或是在运输途中变质（二氧化硫可以形成保护层隔绝氧气，保护葡萄酒不受氧气的侵袭）。

有一些葡萄酒是几乎不添加硫磺的——有些酿酒师（尤其是标榜"自然"或"有机"的）会刻意不添加二氧化硫，甚至什么添加剂都不加。这就会带来另一个问题，如葡萄酒的不稳定和最终氧化，因为它失去了二氧化硫这层保护。这能让一瓶白葡萄酒看起来和喝起来都像雪利酒，也能让一瓶红葡萄酒的生命变得衰败和枯竭。

事实上很多人把一些对葡萄酒负面的反应都归罪于硫磺是不正确的，罪魁祸首往往是其他成分。葡萄酒的高酒精——事实上，这是最能引起头疼的原因。第二带来问题的可能就是组胺（histamines），有些红色葡萄酒中的组胺会比其他品种高一些（一般是单宁高的品种，例如赤霞珠或西拉），一般红葡萄酒也会比白葡萄酒多。以至于一个缩写随之产生：RWH（Red Wine Headache，葡萄酒头痛）。对了，白葡萄酒的硫磺一般比红葡萄酒要多。

其实想知道一个人到底是对组胺还是硫磺过敏是非常容易的。如果是硫磺，吃几片杏干就知道了，其硫磺含量很高，如果你吃完没头疼或是有其他症状，你很可能对硫磺就不过敏。如果是组胺，把意大利辣肠或萨拉米放在酸面团面包上一起吃（组胺都很高），如果吃完没事，估计组胺对你也没什么影响。

还有另一个原因容易引起头疼——可能是除了饮酒过量外最常见的了——就是喝便宜的酒。廉价的酒比贵的酒对人影响更大，酿酒师可能会在酒精里加入糖来加强风味，创造出有些人说的不是那么"纯净"状态的酒精。找贵的酒喝可能是最容易的（但可能是最昂贵的）解决方式了。

对那些恐惧葡萄酒不良反应的人，我给出如下建议：钱要花，量要少，绕开那些浓郁、高酒精的红色葡萄酒。

被忽视的阿尔萨斯

很多葡萄酒产区并没有得到应得的赞美和喜爱。尽管全世界很多地区都是这样，但法国阿尔萨斯尤其如此。一个原因可能是它反反复复的历史归属。到底是法国的领地还是德国的？曾经都是，来来回回好几次。最后一次易手是在二战时期，当时德国把已经饱受炮火轰炸和重创后的阿尔萨斯归还给了法国。

阿尔萨斯的葡萄酒也显示出相应的双重身份：虽然是法语名字，但看起来充满了德意志民族特点。瓶子很细，德国的绿色锥型瓶身，而葡萄品种——雷司令、西万尼（Sylvaner）和琼瑶浆——也都原产于德国。阿尔萨斯的葡萄酒和德国葡萄酒一样，以葡萄品种为名，而不像法国其他地方以地区命名。比如，法国马孔（Macon-Villages）产区葡萄酒就完全不会提及霞多丽这个葡萄品种。而且阿尔萨斯则只会简单写上阿尔萨斯雷司令，完全不提地区，除非它产自高贵的葡萄园（特级园）。

阿尔萨斯也是以白葡萄酒为主的产区，就像德国的葡萄酒产区一样——尽管事实上现在很多那里的酿酒师（也像德国酿酒师一样）都热衷于酿造黑皮诺（现在在两地的成果都是喜忧参半）。最后，阿尔萨斯的葡萄酒多以芳香和半干为主（有时候也有特例），又一个与德国的共同点，不过阿尔萨斯的雷司令一般比德国的要浓郁一些。

有些酒的名字很古怪神秘，比如 Edelzwicker 和 Gentil，这两个词在法国的其他地方都没有对应的词。第一个是源于德语的词（当然），表示这款葡萄酒是不同品种的葡萄园混酿。第二个词语也是混合的意思，但 Edelzwicker（zwicker 的意思是混合）表示可能含有阿尔萨斯的任意葡萄品种，而一支 Gentil 的葡萄酒必须最低包含一定数量的雷司令、琼瑶浆和/或麝香。

一个显而易见的和法国的联系就是1975年评定的51个阿尔萨斯特级葡萄园。就像勃艮第的特级园一样，阿尔萨斯特级葡萄园大小不一，且在同一个葡萄园中，不同的酿酒师可能拥有不同尺寸的地块。但与勃艮第不同的是，阿尔萨斯特级园里允许种植超过一种的葡萄品种。例如，在著名的 Altenberg 葡萄园，琼瑶浆和雷司令都有种植，且同时能享有特级园的地位（而在勃艮第的特级葡萄园里，只有霞多丽或黑皮诺才允许被种植）。

可能就是因为阿尔萨斯结合了两个国家的特点，以至于复杂程度让美国人十分困惑。事实上，阿尔萨斯葡萄酒在美国的销量一直不是很好。但也有可能是因为阿尔萨斯葡萄酒一般酿自大多数美国人都不喜欢的葡萄品种（雷司令、琼瑶浆）。

无论如何，阿尔萨斯葡萄酒值得美国人更多地去了解，也值得大家多去饮用。它们口感独特，适合与食物搭配，尤其十分芳香迷人。事实上，这绝对是阿尔萨斯葡萄酒最突出的特点，它肯定算得上是世界上香气最诱人的葡萄酒产区之一。

皮诺之乡

俄勒冈州故事的主人公是单一的葡萄品种——黑皮诺。而且这个故事是俄勒冈酿酒师们会不厌其烦地大力宣传的。这是让他们在广大葡萄酒世界获得成功和认可的原因。

这也是一个专业化的故事，给了俄勒冈葡萄酒种植者一个清晰的身份，这是其他产区（尤其是不怎么著名的州）的种植者所不具备的。其实俄勒冈的其他葡萄品种也种得不错（西拉、霞多丽和灰皮诺），但它们似乎并不是关键。在这个单一品种的王国，皮诺是绝对的君王。

这是让俄勒冈北边的邻居们想嘲笑却又有些羡慕的地方。大多葡萄品种在华盛顿州种植的情况都不错，以至于很难形成一个核心形象，华盛顿酿酒师们也有些失落地注意到了这种情况。他们的担忧也是可以理解的。华盛顿州种植品种广泛：赤霞珠、梅洛、长相思、西拉、霞多丽、品丽珠、雷司令，都长势良好。但确实也让华盛顿的定位不够清晰。

当然，俄勒冈对黑皮诺的专一也是一把双刃剑，因为这个葡萄品种非常脆弱易变，种植风险较大。它的抗病性较弱，极易感染腐病，尤其是天气状况不佳（和多雨）的时候，而俄勒冈的降水量又特别充足。我曾经读到过当地居民会乐观地把雨水形容为"俄勒冈的阳光"。

当雨水充足而不是过量，俄勒冈的黑皮诺质量很好，有人说这是全美国能找到的最接近勃艮第的葡萄产地。如此接近，以至于一些勃艮第人，比如罗伯特·杜鲁安（Robert Drouhin）已经建造了俄勒冈酒庄（杜鲁安酒庄，Domaine Drouhin），在那里落地生根。

实际上，很多俄勒冈酿酒师和法国并没有什么直接联系，但他们也会说自己酿造的是"勃艮第"黑皮诺，这听起来可能相当虚伪，但他们的意思是他们的葡萄酒比加利福尼亚的黑皮诺更加精致，更富有矿物质和泥土气息。加州的黑皮诺总是被人批评太过"张扬"；而一支优质的俄勒冈黑皮诺是很少"张扬"的。但当

到了不可避免的多雨年份，俄勒冈倒是希望能享受到加利福尼亚长期温暖的季节。

俄勒冈黑皮诺的优点和价值还是得到认可的，其酒庄和葡萄园的数量也在持续上涨。现在俄勒冈有超过 500 家酒庄，酿造超过 28000 吨的黑皮诺（是排在第二位灰皮诺的四倍，后者的产量仅超过 7000 吨）。黑皮诺占美国约一半的葡萄酒销售额。不管专精于一个挑剔的品种有什么劣势，俄勒冈好像还没有体验到。在可见的未来，无论从名声还是财富进账，黑皮诺仍然是俄勒冈最受宠爱的葡萄品种和最大的特色。

奶奶们和她们爱不释手的雪利酒

有一种酒是大家印象中典型的奶奶们最爱喝的，有一些嬉皮侍酒师也会选来喝。猜猜这会什么酒呢？给你个提示：它的不同种类会按以下词汇排序：菲诺（Fino）、曼萨尼亚（Manzanilla）、帕罗卡特多（Palo Cortado）和阿蒙蒂亚（Amontillado）。这些词听起来像舞曲一样，其实它们都是不同类型的雪利酒（Sherry）。

雪利酒是产自西班牙赫雷斯（Jerez）的加强型葡萄酒——这个名字其实是英语的不规范形式，这无疑是当时的英国葡萄酒商人不知道 Jerez 这个词正确的发音或是觉得这种葡萄酒需要一个听起来更加"英国"的名字（尤其当他们开始决定把这些葡萄酒卖回到自己的家乡的时候）。

只有一种葡萄酒可以被合法称为雪利酒（根据欧盟 1996 年的规定），尽管这些年在很多地方都生产所谓的"雪利酒"，包括加利福尼亚（现在还是有很多低价的"雪利酒"出现）。但这只不过是那些难逃低劣命运的加强型葡萄酒为了借个有利可图的名头罢了。真正的雪利酒酿造自一些非常特别的葡萄品种——帕洛米诺（Palomino）、佩德罗·希梅内斯（Pedro Ximenez）（也称为 PX），还有麝香（Moscatel），也就是麝香（Muscat）在葡萄牙和西班牙的叫法。他们可能会混合或用单一葡萄品种独立装瓶。

雪利酒的一个主要成分，也是让它变得独特的成分是白膜（flor），也就是在酿造过程中自然形成的一种酵母，它会覆盖在葡萄酒上形成一层保护膜，只有在 14.5%～16.5%的酒精度环境下才能发挥无氧化剂功能——白膜在更高的酒精度里是不能存活的。

有三种基础类型的雪利酒，从干型到甜型。菲诺雪利是最干型和颜色最浅的，因为白膜可以保护它不被氧化，其酒精度也是最低的。如果酒精度超过 16.5%，有些雪利酒的度数可以达到 18%，这时葡萄酒就会氧化变成欧罗索雪利（Olorosos）。这些雪利酒可能是干型或甜型，但都是深色——几乎和糖蜜一个颜色，因为暴露在空气当中。它们也有非常厚重的酒体和浓郁的口感。

阿蒙蒂亚雪利（Amontillado）是第三类雪利酒，从风格和颜色上看，这是处于欧罗索和菲诺之间的类型。这种酒受到了一点儿白膜的保护，但也受到了一些氧化，而且它们的香气非常复杂，从坚果到肉桂，再到太妃糖和橙皮——这也是为什么这款雪利酒经常得到侍酒师们青睐的。

还有其他类型的雪利酒。事实上，一款葡萄酒有着如此简单的名字，却有着这么多令人困惑的类型，从奶油（cream）雪利（一般比较便宜的商业化酒）到曼萨尼亚雪利（产自一个靠近海的地方——有人说闻起来也有一点儿像），而帕罗卡特多雪利（Palo Cortado）在特点和颜色上处于阿蒙蒂亚和欧罗索之间。

对于真正的雪利酒行家来说，最诱人的是陈年 VOS（Very Old Sherries）和VORS（Very Old Reserve Sherries）。这些酒都有陈年贮藏的最低年限。这种酒口感浓郁、价格不菲——一般要几百美元一瓶（Bodegas Tradición 和 Gonzalez Byass 都酿造令人称赞的陈年雪利）。

最后一个关于雪利酒的最重要的事实就是雪利酒独特的索莱拉（Solera）系统（其他地方也使用索莱拉系统，但都没有雪利酒那么有名）。索莱拉（西班牙语中是"在地上"的意思）是一个把葡萄酒从一个酒桶移到另一个酒桶的混合系统。

酒桶是一层一层排放的，最老的酒桶放在地上。根据法律，每年只有一定量的葡萄酒被允许从酒桶中抽取出来。

这意味着雪利酒的口味和特性是比较统一的——有新酒带来的足够的新鲜，也有老酒带来的足够的复杂。这也是为什么没有"年份"雪利这回事，所有的雪利酒都是不同年份混合出来的。

雪利酒传统上会盛放小小的被称为 copita 的酒杯中——容量只有 2.5 盎司（65 ml），而不是非加强型葡萄酒的标准的 5 盎司（150 ml）（我认为这精致的雪利小酒杯也是阿姨们那么喜欢喝雪利酒的一个原因）。

侍酒师对雪利酒怎么看？雪利酒除了酿造过程复杂、种类繁多（一些侍酒师喜欢囤积复杂的酒就像松鼠囤积坚果一样），而且非常适合搭配食物。菲诺可以用来搭配轻淡的前菜（奶酪和橄榄），吃 tapas（火腿、沙丁鱼或甚至一个鸡蛋）都可以来一杯阿蒙蒂亚甚至是欧罗索。不管是什么食物，在什么场合，都有一种雪利酒可以用来锦上添花的感觉。

令人陶醉的岛屿

我去过一次西西里岛，但我并没能去到太多地方，至少比我期望的要少。那是因为我和我的朋友基本都是坐火车游览——这对到访酒庄来说比较困难，也不是特别美好的交通体验。一位酿酒师的妻子对我们说："在西西里没人坐火车旅游，除了山羊。"我很高兴地汇报一下，我们的车厢里可没有山羊。而且，除了火车，西西里岛给了我难忘的意大利葡萄酒之旅。

从那次旅游算起已经差不多有 7 个年头了，在这些年中，西西里岛的葡萄酒已经变得越来越好，也更受欢迎了。这和意大利本地葡萄的兴起有关，尤其是在西西里岛。这些葡萄品种包括红葡萄品种马斯卡斯奈莱洛（Nerello Mascalese）和修士奈莱洛（Nerello Cappuccio），还有弗莱帕托（Frappato）和黑珍珠（Nero d'Avola），这是最受欢迎的红葡萄品种。

以前的西西里葡萄酒公司只生产廉价的工业葡萄酒，现在一些有着雄心壮志的小酿酒商们也开始潜心研究酿造高品质好酒，他们的成果也获得了大家的关注。西西里岛东沿岸的埃塔纳火山（Mount Etna）产区的葡萄酒尤其如此。

埃塔纳火山是世界上最活跃的火山之一——现在仍然规律性地喷发（2013 年可是火山爆发频繁的一年）——它也是岛上最有活力的葡萄种植和葡萄酒酿造区域之一。在那里，一些酿酒师在朱塞佩·本奈蒂（Giuseppe Benanti，后面我们会说到他）的带领下，酿造出了优异的带有咸鲜风味的红葡萄酒，它们清澈且优雅，甚至有些可以与黑皮诺媲美。

埃塔纳火山是不种植黑皮诺葡萄的，它的两种红色葡萄品种是马斯卡斯奈莱洛和修士奈莱洛。前者的香气和质感还有挑剔的性格（它也很难种植），让人们经常把它和黑皮诺相比。修士奈莱洛没那么重要，但也没那么不稳定，它主要用来带入柔和的口感和果香，而马斯卡斯奈莱洛则带来复杂度和性格。

朱塞佩经常被大家称为复兴埃塔纳火山的英雄。事实上，他从 20 世纪 90 年代开始酿造严肃葡萄酒的时候，还几乎是一个人孤军奋战。但当他的葡萄酒得到认可的时候，其他人也开始加入进来，包括 20 世纪 80 年代的摇滚明星米克（Mick Hucknall），也就是 Simply Red（纯红乐队）的主唱。他的酒庄名字就是指自己，叫做"歌手"，也就是意大利语"Il Cantante"，或英语"The Singer"。

另一个比较知名且大肆宣传的埃塔纳火山酒庄就是泰瑞尼尔酒庄（Tenuta delle Terre Nere），它由著名的葡萄酒出口商 Marc de Grazia 创立，他其实来自于意大利北部，但还是最终决定在埃塔纳火山酿造葡萄酒。Terre Nere（大概可以翻译为"黑土地农场"），de Grazia 先生和公司酿出了诱人的葡萄酒，特点是高酸、带有泥土和香料的香气，他们的白葡萄酒和桃红葡萄酒也让人印象深刻。

酿酒这个行业风险很大，尤其是酿酒的葡萄来自于欧洲最高海拔的葡萄园，还挨着一座活火山。但另一方面，火山也带来了优质的土壤（火山土壤含有丰富的钙、镁和铁）。而且，埃塔纳火山这个地方几乎人尽皆知（2013 年的时候它经常上新闻），这对市场推广肯定是有好处的。

风土之味

在葡萄酒世界中，有一个词使用得最多却又很难被真正定义。"Terroir（风土）"这个法语词被用来形容一款葡萄酒诞生地独特环境条件的融合，这个词有如此多的解释方式，就像它被念错的方式那样多（念"tear-waa"）。

Terroir 包含地理、地质、气候和植物体。葡萄酒可见和不可见的，物质的和形而上的特性都是 terroir，尽管 terroir 最广被接受的定义是"地域感"。比如，夏布利的特色白垩土壤被认为是它风土的重要因素。西西里岛埃塔纳火山的火山土壤也是一样。

Terroir 这个词如此流行，以至于都用到葡萄酒以外的领域去了。奶酪有 terroir，咖啡也有 terroir，甚至巧克力也有 terroir（不过，这并不适用于宾夕法尼亚的好时 Hershey 巧克力）。

尽管酿酒师、奶酪制造者、咖啡种植者和巧克力制造商在塑造产品时起着尤为关键的作用，但产品的风土是完全自然的东西。一款葡萄酒的风味来自于它所在的地方。但并不是任何古老的地方都可以做到；只有特别的地方才有真正的 terroir，历经多年，甚至几个世纪。如此看来，历史对建立 terroir 至关重要。只有在不断出产好酒的地方，它的地域感才能显现出来。

有些葡萄酒被形容为"有一些独特的风土"，结果后来发现只是葡萄酒变质了；那些饮用者相信证明是风土的标志——奇怪的味道和动物的气息——其实是酒香酵母（Brettanomyces，一种野生酵母）或是酒塞污染。

一些葡萄酒专家认为这就是为什么"新世界"（欧洲以外的所有地方）没有真正的风土的原因——它们实在是太年轻了。对它们来说，terroir 一定要有历史的因素，倒没有规定的年限。当然，从新西兰到纳帕的酿酒师们是不会同意的，尤其是如果他们已经有了几十年的酿酒经验。

有时候产自独特地点的葡萄酒拥有 goût de terroir（地区风味，尽管有时候也被翻译成"土地风味"）。这些葡萄酒非常清澈、充满力量，直接把葡萄园的精华输送到酒杯当中。但这个表达也可以用作财政武器来攻击不够明智的买家。就像一个英国葡萄酒作家曾经和我说的那样："当他们说 goût de terroir 的时候，他们的手就伸向了你的钱包。"

强大的马尔贝克

流行的葡萄酒应该（总是）有一些特性。首先，它的名字要容易念。而且葡萄酒的价格也要合适——低端和高端都要有。要在很多地方都能买到——严肃的商店或是小卖部。也要适口——最好带有多汁、成熟的水果香气。

还有人会置疑为什么马尔贝克在近年席卷了葡萄酒世界？毕竟，它满足了单子上的每一条，甚至还有更多优点。它产自一个浪漫的国家，以探戈舞、原住民牛仔（gauchos）和牛排著称（还有政府破产，不过不用担心那些）。确实，很多人认为阿根廷是马尔贝克之乡，尽管这个葡萄品种实际上来自于法国的卡奥尔（Cahors）产区。

这一切要追溯到 19 世纪中期，当时一个法国农学家把马尔贝克引入了阿根廷，尽管经历了 100 多年才让这个品种变得流行起来，但阿根廷版本确实比其法国起源地版本更加引人注目，也更流行。

阿根廷的马尔贝克和法国的有很大不同。卡奥尔的马尔贝克更加厚重，有更多单宁，更加"严肃"。它被戏称为"卡奥尔的黑色葡萄酒"也是有道理的。卡奥尔历经很多年才被大众接受。阿根廷的马尔贝克就柔顺得多，更多果香，也更加顺滑。它更易饮，虽然也是一样的深色。它也可以很严肃和优雅，尤其是当它酿自门多萨产区或附近的高海拔葡萄园（门多萨有时候被认为是阿根廷的纳帕，尽管它的葡萄园的海拔高得多）。

阿根廷所种植的马尔贝克比世界其他任何地方都多，尽管越来越多的酿酒师成功受到阿根廷的启发也开始种植起这个品种。现在在一些你绝对想不到的地方也能找到马尔贝克，比如新西兰、长岛和华盛顿州。这些葡萄酒在质量和市场上也都取得了一定的成功。

但阿根廷版本无疑是最成功的案例。没有任何一个国家可以做到用马尔贝克酿造出数量如此庞大又质量可靠的优质葡萄酒，还能保持这样的好价格。一些葡萄酒权威早就预测马尔贝克在前几年就会失宠（毕竟，所有流行的葡萄都会经历），但它现在在葡萄酒爱好者心里还留有一席之地，可能这与探戈和牛排有关吧。

字里行间

　　没有什么文件比餐厅酒单更容易让人颤抖和害怕的了，甚至可以说得上恐慌（可能的例外包括婚前协议或是离婚判决书）。恐惧的原因从未知（所有那些酒的名字）到钱包滴血（那些零就在名字的旁边）。还有，害怕丢人——从怕念错酒的名字到怕选到难喝的酒。

　　酒单本质上除了种类太多并没有什么真正让人烦心的东西。大多数还是按葡萄酒的颜色和产区分开，重要的国家和产区会单独列出，而有一些无法和其他合并的无关紧要的葡萄酒一般不出意外地在最下方标为"杂项"（miscellaneous）（有些侍酒师想粉饰一下这个部分，称之为"侍酒师之选"或"有趣的葡萄酒"，不过这两个名字都给人一种感觉，像是其他部分被侍酒师忽略了，或是认为其他部分不值得关注）。

　　这些酒单就好像城市网格里那些街道：这种大家都习惯的格式化反复出现的东西让人觉得踏实放心。但有些侍酒师却认为它们太"局限"或是传达不出葡萄酒足够的"特性"。所以他们创造了一些很感性的图表，有一些分类，比如"粗犷且大胆的红葡萄酒"或是"温和而敏感的白葡萄酒"。尽管他们本意是想简化问题（假装葡萄酒并不是在全世界都按地理位置归类），但这种酒单其实更难读。感觉这似乎要求更关注葡萄酒自身，而不是它们与食物的搭配。

　　有些酒单是按价格排列的。我见过一些酒单以 50 美元为界限，其上和其下分别是一个类别。有时候也有按其他特定价格为界。这可能倒挺有用的，至少你知道你要花多少钱。但另一方面，光按数字的共同点分在一起的葡萄酒，无论地理还是种类都是混在一起的，可能也不够清晰。至少按地理位置分的话我们还能知道它们来自于同一个地方。

　　还有一些酒单配有华丽词藻堆砌的描述，我感觉这只能让人更困惑。有时候会逼得我要亲自询问侍酒师，他到底是什么意思，然后让他们再把葡萄酒真正的情况和我解释一遍。

就像销售文件一样，葡萄酒酒单也绝非完美的工具（酒单的本质就是拥有者向买家提供的销售计划书）。这就是为什么一个有着好味觉的天才销售（也就是侍酒师）要能够诠释葡萄酒并给大家以指引。所以下次，当你看到一个让你感到受到威胁或是不知所措的酒单时，记住：你才是说了算的人。告诉侍酒师你想花多少钱点酒，或是指着一款葡萄酒说"这是我之前心里想要的那种"。一个优秀的侍酒师会马上明白你的预算和喜欢的类型。一份酒单毕竟就是一种销售工具，怎么用或什么时候用，都是你说了算。

爱在卢瓦尔河谷

我第一次到法国卢瓦尔河谷的时候，那里就让我想起了俄亥俄州（当然，除了建筑，法国的大农场数量远远没有城堡多。也许法语都没有词来表示大农场吧）。但那里的青葱绿色和绵延的群山确实和美国中西部最美的风景有些神似。而且那里的葡萄酒也一点儿都不坏。

我喜欢卢瓦尔河谷的葡萄酒可不是一天两天了，远远早于我的第一次到访。我的初恋是普依芙美（Pouilly-Fumé），它曾经有段时间比桑塞尔还要有名（很久以前）。两者都酿自长相思，但在卢瓦尔河两岸，普依芙美比桑塞尔更大气、更浓郁，麝香气更浓，而后者则更偏柑橘和高酸。

普依芙美的流行可能因为人们经常把它和普依—富塞（Pouilly-Fuissé）混在一起，另一个20世纪70年代的大热门。不过普依—富塞既不酿自长相思，也并非产自卢瓦尔，而是来自勃艮第的霞多丽（两者都从全盛时期衰败下来）。

相反，桑塞尔倒是越来越受欢迎了。侍酒师根本不可能积压库存。他们甚至不愿意按杯售卖，因为那样大家可能就不点其他的了。桑塞尔无疑是卢瓦尔河谷最成功的故事。它风格多样，有些矿物质风味浓郁，有些清新爽脆，有些则普通得让人记不住，这都取决于酿酒厂、酿酒师及其想要多大的利润空间。

作为卢瓦尔河谷最知名的酒，很多人认为桑塞尔有点贵得没道理（因为太流

行了）。不过卢瓦尔也有很多葡萄酒没有卖出应有的价钱。事实上，法国很多最划算的酒就来自那里。我现在随便一想就能想到半打定价过低的卢瓦尔葡萄酒——红葡萄酒和白葡萄酒都算上。

密斯卡岱可以说是我榜单上的第一名。这清爽的白葡萄酒来自河谷的最西边（靠近南特 Nantes），配贝壳类食物和作为餐前酒都是极佳的。即使最好的酿酒师酿出的最好的酒也很少能卖上 50 美元一瓶——而且这数字这么多年都没怎么变过（这也是为什么那么多种植密斯卡岱的人都破产了）。

武弗雷（Vouvray，位于卢瓦尔河谷中部）的酿酒商在处理财务方面就好得多，但他们的酒就质量和多样性来看还是定价低了。武弗雷的白葡萄酒酿自白诗南葡萄，可以是起泡、无泡和甜酒，而且它的陈年葡萄酒也很精彩。

卢瓦尔河谷的选择和可能性还有很多。希农 Chinons（葡萄酒），它酿造自品丽珠，总地来说迷人而轻柔；而布尔格伊（Bourgueil）的葡萄酒（也是品丽珠）就更加质朴、浑厚；还有来自索姆尔（Saumur，顺便说一句，那里的骑术学校也很著名）的红葡萄酒和白葡萄酒，他们也酿造优异的起泡酒，很多预算较紧的法国人也会拿来替代香槟饮用。

卢瓦尔河谷已经备受世人尊敬很长时间了——至少有几百年了（曾经有段时间它的威望超过了波尔多）。现在欣赏卢瓦尔河谷葡萄酒的主要是精明的葡萄酒专家和不想花费太多的行家，还有葡萄酒记者们。

关于年份的真相

我最喜欢的格言来自于一个天才。爱因斯坦曾劝告大家："永远不要背那些能查到的东西。"不过我已经花费了大把时间背了不少。

记忆对于葡萄酒爱好者来说是十分必要的，因为一说到葡萄酒，有太多东西需要熟记于心。重要的酿酒师、顶级酿酒厂、封地、庄园，还有各种葡萄酒、酿酒产区，以及数以千计的不同葡萄品种都要记。

但最重要的是年份。人们期望中的葡萄酒行家都应该至少对过去几年里最佳和最差的年份做到心中有数，即使他们说不出过去几十年的情况。如果是像勃艮第和波尔多这种产区，甚至要回到更久之前，因为他们对最好年份的记载已经有好几百年了。

但我很少听非专业的葡萄酒爱好者谈论年份。他们从来不问是否一个特定的年份是好还是不好，也不把不同年份的葡萄酒相互比较。他们更不会问一款葡萄酒是不是"已经适合饮用了"（有一些特定年份的特定葡萄酒放得久些会更好喝）。

当然，这可能也是因为绝大多数的葡萄酒一上市就已经适合饮用了（保守估计这个比例在95%左右），所以掌握年份是没有太多实际意义的。事实上，可能记名字比数字更有用，有句话说得好，一个好的酿酒师可以酿造优质的或者至少是能喝的葡萄酒，即使是在比较恶劣的年份条件下。

另一方面，我还是得说，在我完全不熟悉酒庄名字的时候，知道哪年是好的年份还是很有用的（有多少次你是拿起酒单发现一个熟悉的名字都没看到）。比如说，我知道2010年是勃艮第的一个非常好的年份（尤其是白葡萄酒），这让我下决心选择这款我认为应该还不错的年份酒，即使我完全没听过这个酿造商。

如果一个年份称得上巨大的成功——也就是说，当年的条件特别适合葡萄熟成，那么即使是不怎么样的酿酒商（现在不合格的酿酒商越来越少了，这多亏了酿造和葡萄种植技术的进步）也能酿出尚可的葡萄酒。而且和酿酒商的名字相比，需要记住的数字可就少得多了（即使你只记住世界上十大葡萄酒主产区的几个年

份，也能遥遥领先了）。

　　别忘了还有记忆本身带来的满足。任何诗歌爱好者或是体育迷都可以证明这一点，那种记住很多诗句或数据所带来的快感。葡萄酒年份的重要性事实上就是记忆的重要性——学习和牢记的价值。毕竟，我们都不是像爱因斯坦一样的天才，他当然不用费力去记什么东西，甚至还忙着创建自己的定理呢。

"绿化"很容易

即使我那些严肃的葡萄酒收藏家朋友也会时不时地喝些不那么严肃的葡萄酒。有一个朋友,他喜欢桑塞尔,并称之为他的"泳池酒",即使他多年来都没有泳池。

我最喜欢的非严肃葡萄酒是绿酒(Vinho Verde)。它甚至比"泳池酒"还要更简单一些——它更像是洒水器里喷出的水。在中段或是末尾就没什么了,但初入口时它的鲜酸口感还是很精彩的。

Vinho Verde,也就是所谓的葡萄牙绿酒,口感清淡,带有一些汽泡,有点儿像雪碧(可能是自然的或是加入了一些二氧化碳),有酸度,酒精度低,一般低于10%。你可能喝一整瓶绿酒也不会有什么太大感觉。你买它也不会觉得花了什么钱;一瓶绿酒也就才5美元——尽管有一些稍微"严肃"一点的(一个相对的概念)可能会花费10美元或更多一点儿。

用阿尔巴利诺(Albarino)葡萄(等同于西班牙的Albariño)酿造的葡萄酒有更多的矿物质感。不像其他混合葡萄品种,如洛雷罗(Loureiro)、塔佳迪拉(Trajadura)、白阿莎尔(Azal Branco)和培德尔纳(Pedernã),这些品种酿造出

的葡萄酒酒体更轻，口感也轻一些。

　　绿酒主要产自葡萄牙西北部的米尼奥（Minho）地区，它是该国最大的葡萄酒产区——无计划地向外扩展，不修边幅，就像它的葡萄藤一样。确实，绿酒的葡萄藤被训练爬上篱笆和杆子，挤进空间而不是整洁清晰地铺在栏栅上。有很多葡萄藤看起来随机地出现在很多地方，就好像那里的每个人都在酿造葡萄酒。这种混乱的情况近年来也得到了些改进，现在那里的大多数葡萄藤已经井然有序地排列好，看起来和其他葡萄酒国家差不多了。

　　关于绿酒还有一点附加说明，就是要趁"年轻"时饮用——可能比其他地区的葡萄酒都更要求这一点，因为它的品质随时间下降得很快。虽然它不像啤酒一样有保质期，但背标上一般会标识装瓶日期。尽管有时候它会以代码形式标出，以至于不在酒厂工作的人很难搞清楚。这可以说是关于绿酒唯一复杂的一点了，其他的一切都很简单。

长远之计

葡萄酒世界下一个响亮的名字会是谁呢？下一个伟大的产区、冉冉升起的种植园，或是明星葡萄品种又会是什么呢？黑皮诺会不会渐渐淡出我们的视线？梅洛能不能东山再起？葡萄酒作家或他们的编辑，甚至酒商和侍酒师总会想着这些问题晚上睡不着觉。他们都紧跟着流行的趋势和那些热门的葡萄酒，或者说他们也将创造出趋势和热门。

大多数的普通葡萄酒饮用者对这种水晶球一样的神秘预测也只是偶尔感兴趣；更多时候，他们还是乐于喝喝那些他们熟悉的，或是朋友和酒商推荐的葡萄酒。他们不想也不需要知道现在红特维利纳（Roter Veltliner）正流行，而霞多丽已经过气了（至少对大多数人是这样）。

为什么葡萄酒行业的人如此关心趋势呢？这种追赶潮流的东西还是让给时尚圈为好吧？毕竟，和裁缝扯掉过低的褶边不一样，酿酒商也不能把不流行的葡萄藤都拔了，最多也就是等一拨趋势结束，再重新种上另一种流行品种。

葡萄种植不光是金钱的投资，也是时间的投资；一片新的葡萄园要经过好几年才能结出品质优良的果实。一些葡萄园经理可能要等五年才会开始收获。当然，其他人可能也会救助于快速的嫁接技术——就是一个不同的品种嫁接到已有的砧木上——比如把赤霞珠嫁接到长相思上。但嫁接也可能很冒险——如果你盲目追随流行趋势，最终的结果可能是流行转瞬即逝。

尽管葡萄酒饮用者可以尽可能地尝试，品尝不同种类和产区的葡萄酒，但追赶其他人口中的流行和"大热"可永远不是个好主意。除了附和"群体思维"本身没什么意思，如果你赶时髦，可能意味着你买到的酒不是名不副实就是标价过高了。

一支用心酿造的酒可能永远都"时尚"不起来。毕竟，葡萄酒是一种农业产品，影响它的不是时尚或趋势，而是天气和环境，还有酿酒师的辛勤劳动。

玻璃杯中酒

有些关于葡萄酒的事我是真心不喜欢的。最糟糕的几个要数炫耀做作、高价格和按杯卖的葡萄酒。头两点基本是无可辩驳的，但第三点还真有不少人支持。我身边就有不少人赞同这一点，他们认为餐厅按杯销售这个举措是符合大众需求的。支持者们经常赞叹："有这么多的选择！有这么多的机会来品尝一款酒！"

但在我看来，按杯卖葡萄酒就是餐厅的盈利点。毕竟，标准的单杯葡萄酒价格和一整瓶的葡萄酒是一样的，而一个标准酒瓶是五杯的量——尽管有些餐厅只有四杯的量，因为倒酒比较大方或是浪费掉一些。

但我反对杯酒并不是因为它定价高，也不是因为有些餐厅会故意或无意把酒倒少一点——比承诺的 5 或 6 盎司杯量要少（我去过一些餐厅，他们的杯酒甚至只有 4 盎司，也就是说一瓶能出六杯）。

我顾虑的其实和钱无关，而是葡萄酒的感官体验。一瓶用来按杯卖的葡萄酒可能开瓶一天都喝不完——事实上，我曾经去过一些餐厅，他们按杯卖的葡萄酒可以放一周。可想而知，要是开瓶第五天顾客才喝上这杯酒，想必对这葡萄酒是不会有什么好印象的。我不认为有任何保鲜系统能让开了五天的葡萄酒喝起来像刚开瓶那么好。葡萄酒一旦打开，很快就变质了。

而且服务生和吧台酒保几乎搞不清楚一瓶酒开了多久，而且他们也不关心。有一次我眼见一个酒保把一瓶酒剩下的一点残渣倒进了酒杯，然后又混入了一些新开的葡萄酒。说到底，酒杯里不光是酒，更是利润。

我曾经给一个餐厅这样一个建议，我提议单杯酒的价格应该按照开瓶时间来算。举个例子，假如开瓶第一天的葡萄酒一杯卖 15 美元的话，那第二天就应该卖 12 美元，第三天卖 9 美元，一直递减到免费或是已经喝完。他同意这个想法有优点，不过这会给会计和酒保带来"后勤恶梦"。

他的话也有道理。能把新酒、旧酒往一个杯子里倒再端给客人的酒保可能搞不清一瓶酒开了几天，可能他也决定不了向客人收多少钱。但在我看来，这是我反对杯酒的又一有力论据。

聪明学酒

学习葡萄酒的最佳途径是什么？这个问题每一个想成为葡萄酒行家的人（最终）都想得到答案。这个问题非常难回答——如今我们的选择太多了。书、视频以及去餐厅和商店品酒。很多酒商已经成立了自己的"教育中心"，他们已经认清那些受过相关教育的顾客是更可能在葡萄酒上花费更多的人。

现在人们可以在葡萄酒学校里获得证书甚至学位。一些"学校"的课程可能只有几天或几个月，也有些提供四年的学位——这种一般是大学的葡萄种植课程或是葡萄酒工艺学项目。

事实上，大多数想学习葡萄酒的人并不想变得多么专业，他们只想让自己不再感觉——或更重要的，不再听起来——愚蠢。这可能包含一些基本的葡萄品种名字、真相、主要产区，还有一些口感和香气的信息。无数人告诉我他们只想有足够的知识来和侍酒师顺利交谈（他们没有明确说是想聊多久）。

这些年我已经见证了各种教育形式。我旁听过意图良好的业余人士或是权威教授组织的课，我自己也做过一些葡萄酒"教育"，我这里加了引号是因为我组织的讲座和品鉴一般都时间不长，也不十分严肃——可以说是半教育半娱乐。实际上，短时间内品尝几款酒很难真正学到多少东西。

真正的葡萄酒教育需要长年累月全深心投入地努力和学习。它包罗万象，而且没有尽头。关于葡萄酒的知识也是不断改变的，你刚学到的知识可能没过多久就发生了变化。而且光看书或是听讲座、背卡片也不能完全理解葡萄酒知识，一定要在背景环境下，在真实的生活中通过喝葡萄酒才行，最好能有人陪你一起喝。

这么看，学葡萄酒和学语言非常相似。你可以读书、上课，了解一些名字，学会一些实用的句型表达（"这要多少钱""洗手间在哪"），但如果你想真正深入了解一种文化或是得到有意思的交流，这恐怕是不够的。你需要真实的背景环境，而且你每天都要练习。幸运的是，如果是学葡萄酒，你的练习内容就是喝葡萄酒，而不是练习法语动词的虚拟语气。

专业词汇

　　酿酒师天生注重细节，或者说这个职业也要求他们这样，大多数情况下，两种因素同时存在。酿酒要关注大量信息，从生物学到气象学。而他们也乐于分享这些信息。有时候他们会把这些信息放到酒标后面，有时候他们也会提供技术规格表给那些好奇的（和严肃的）酒庄访客。以下内容你可能会在这样的文件中看到。

葡萄园说明

　　葡萄园有多少英亩？多大或多小？海拔多少？位置在哪儿？在山边还是谷底？克隆品种是什么？这些品种对葡萄园的位置适应度如何（有些葡萄品种，比如黑皮诺有很多类型的克隆品种，有些品种在特定的地点会表现得更好）？

年份说明

　　天气状况如何？雨水多少？是否有冰雹？还是二者都有？葡萄生长过程中什么时候下的雨？是春天还是秋天？雨水是有利还是有弊？按酿酒师的术语来说，天气是"配合（cooperative）"还是"挑战（challenging）"？

品种信息

　　如果葡萄酒混合了不同的葡萄，酿酒师喜欢给出精确的百分比。我完全不理解为什么他们要这么做，估计是葡萄酒专家问得太详细，以至于让他们决定把这些信息写在纸上。

　　这款酒酿自 89% 的赤霞珠、9% 的品丽珠，还有 2% 的味而多（Petit Verdot）（这里有多少是真的呢？89% 的赤霞珠或是 91%）。

橡木桶陈年和发酵

　　橡木桶价格不菲，所以酿酒师特别喜欢谈论这些酒桶。有时候他们会给出信

息描述发酵时酒桶的状态（敞开或关闭），以及有多少橡木桶是使用过的还是新桶（这也会按百分比标出）。

发酵时长

葡萄酒发酵主要是把糖转化为酒精的过程。这要花费多久？这取决于葡萄酒类型和酿酒师的风格——很多时候还取决于酿酒师使用的酵母。发酵可以持续5～14天，如果温度不合适也会停止——温度太高或太低都不行（这也是有些葡萄酒酿酒师会选择让发酵"短而热（short and hot）"的一个原因。）

制桶人

有时候制桶工厂（制桶设备）也会得到大力宣传，尤其是橡木桶来自于像François Frères这样的奢华品牌（很昂贵的）公司。这能显示出酒庄真的是花了大价钱。

酿酒师

在这里，酿酒师的名字会正式标出，即使他的名字已经在之前的说明中出现过了。

生产

他们酿造了多少瓶或是多少箱葡萄酒。

总酸度

这是三个数字中的第一个关键数字。总酸度数会显示葡萄酒的酸度——它是否可能太酸了（酸度为1.0%）或是相当低酸(0.4%)。红葡萄酒的平均酸度大约是0.6%，而白葡萄酒会稍微高一些。如果你喜欢高酸的葡萄酒，你可能会想找高一点的数字。

pH值

pH值可以告诉你葡萄酒酸性的强度（一款pH值低的葡萄酒，如pH值为2.9，是高酸的）和稳定度。pH值高的葡萄酒喝起来口感平淡无个性，可能也不稳定（一款 pH 值高，如 pH 值为 3.9，可以促使微生物生长，感染并致使葡萄酒变质）。

酒精含量

这是三个数字中葡萄酒爱好者最容易理解的。低酒精度葡萄酒（摩泽尔雷司令、绿酒）的酒精度大概是 7%，一般的葡萄酒大约是 12%（这个数字一直在逐渐攀升）。高于 14.2% 的酒精度就算相当高了——事实上美国政府对于更高的酒精度收税也更高。这些数字很少是精确的，但在一定的百分比之内也会被认为是准确的。

在翻译中迷失

有些酒出名是有原因的，而同样的原因也会阻挡一些酒的成名，比如莫斯卡托。它成为美国最畅销的葡萄酒都要归功于其甜型的口感和深受说唱明星的厚爱。而德国雷司令也有甜型，配龙虾也不错，但它几乎没可能出现在说唱中。

德国雷司令是葡萄酒世界中一个意义深远的品种——各地的侍酒师都歌颂它与美食的绝配。我认识的所有侍酒师都爱它爱得不行，他们喜欢它的清爽酸度、成熟果香、诱人的香气（桃子、橙子、杏），以及低酒精度。他们钟情它悠久的历史（雷司令在德国已经种植几百年了），去雷司令葡萄园造访的侍酒师们无不被那里明信片一样的风景所陶醉。一些雷司令葡萄园十分陡峭，葡萄采摘者必须用爬才能采得到。

但即使是最有权势和激情的侍酒师也没办法解决它与生俱来的问题——大多数德国雷司令的名字既不好拼也不好念。不像法语的 cru（酒庄）或是意大利语的 riserva（珍藏），它们在酒标上看起来还是很吸引人的，而德国的葡萄酒词汇看起来让人感到十足的迷茫甚至恐惧（所有那些曲音符号）。

还有那些信息。德国葡萄酒制造商感觉有义务把所有事实都告诉顾客——不管是多大或多小的信息。所以他们把庄园、葡萄园、城镇、葡萄品种，甚至采摘时间都挤在了酒瓶前酒标上。

最后一点得说德国的葡萄酒分级制度，会依照葡萄采摘时的成熟度来划分等级。不像勃艮第地区以特级园或一级园划分，也和波尔多的庄园分级不同，德国葡萄酒按照葡萄的成熟等级（Prädikat 等级）来划分（一些莱茵高 Rheingau 产区的酒庄被列为 "Erstes Gewächs" ——相当于特级园——但这在德国的其他产区并不适用）。

一些德国制造商一直试图让他们的字体友好一些。他们甚至加上了 "dry（干型）" 这个词来增加美国人购买的概率，但获得非德国葡萄酒饮用者的青睐还是很艰难。不仅是我列出的上述原因，还因为德国雷司令本身被认为不够流行，也不够酷（除了侍酒师不这么想）。

也许德国葡萄酒需要一些名人在摩泽尔买一片葡萄园来提高知名度。可能某位好莱坞明星可以做些事让德国葡萄酒热门起来，毕竟，已经有过明星买下普罗旺斯的酒庄并让它迅速走红的成功案例。

又见仙粉黛

白仙粉黛（White Zinfandel）（其实是仙粉黛桃红葡萄酒），这两个英文单词代表了现代最流行的葡萄酒之一。这股风潮如此强大，以至于直接把 blush 这个本身作动词的英语单词转换成了形容词，用来形容浅粉色桃红葡萄酒。这样那些（真正）红仙粉黛的酿造商就很难让世人严肃对待他们的葡萄酒了。

其实在近代历史上，白仙粉黛是为了酿造更好的红仙粉黛时产生的（历史进程中如果没有这种充满讽刺的脚注也是不完整的吧）。传说 1972 年，当时纳帕舒特家族（Sutter Home）酒庄的种植者 Bob Trinchero 正尝试酿造一款颜色更加深浓的仙粉黛红葡萄酒，于是他们抽出了一些（白色）葡萄汁后酿造装瓶。

他本来想称这种酒为"Oeil de Perdrix"，仿效一种瑞士桃红葡萄酒，但这个名字没有被联邦酒精管理委员会批准，于是他就退而其次叫它"白仙粉黛"了。不经意间，联邦倒帮了 Trinchero 一个大忙，很难想象，如果这种酒真叫"Oeil de Perdrix"或"鹧鸪之眼"，想必很难像白仙粉黛一样能引起几百万粉丝的共鸣。

最初的几百箱原装白仙粉黛其实是干型的，后来更甜且更粉的甜型版本也是 Trinchero 意外发现的。有人说这是因为一次发酵中止——也就是当葡萄酒发酵中止时残留了一些糖在里面。结果这种柔和、含果香且酒精度低的白葡萄酒（其实是桃红葡萄酒）就疯狂地流行起来，也给 Trinchero 先生和舒特家族带来了财富。

后来追随舒特家族的竞争者们也叫它白仙粉黛，或是更常见的"blush"桃红葡萄酒，因为其浅粉的蜜桃色。美国人对这些甜丝丝的葡萄酒真是爱不够——很快，加利福尼亚几乎每一家酒庄都有了自己的浅粉色桃红葡萄酒。

白仙粉黛故事更大的讽刺在于，最终它让仙粉黛葡萄品种免于灭绝，或至少没有大面积减少。Trinchero 先生刚酿造出白仙粉黛的时候，纳帕和阿马多尔县（Amador Counties）以及之外一些地方的仙粉黛葡萄园已经有被拔除和重新种植的危险了，因为他们被认为没有什么商业价值了。但是当白仙粉黛兴起之后，酿酒商们又开始考虑再购买这种葡萄了。

在接下来的几十年里，白仙粉黛的需求稍褪了一点点（不过销售仍然很不错），而红仙粉黛也开始复兴，尤其是纳帕的老藤仙粉黛和索诺马的干溪谷酒庄（Dry Creek Valley）。甚至洛迪（Lodi ）的老藤仙粉黛也被视为相当珍贵——洛迪是位于莫德斯托北部一个炎热的产区，以出产较多杂货店葡萄酒品牌出名，比如木桥（Woodbridge）。加利福利亚其他产区的知名酿酒商，比如雷文斯伍德酒庄（Ravenswood）和乔尔哥特酒庄（Joel Gott）酿造的洛迪老藤仙粉黛也卖上了好价钱。

如今又火起来的仙粉黛能去除大家对浅粉桃红葡萄酒的印象么？至少，这多给了我们一个期盼仙粉黛能再一次被看重和尊敬的理由，并且更重要的是，它被认为是红色的葡萄酒。

多面酒杯

在家里我只有一种葡萄酒杯。那是奥地利 Zalto 品牌的一款通用型人工吹制酒杯，不管是霞多丽还是赤霞珠，长相思还是西拉，我都用它喝。我喝香槟都用它，虽然我也有细长型香槟杯，但我从来不用（因为我再也不用它们了，它们也就不算数了）。我没有足够的地方和金钱，也认为完全没有那个必要买各种各样的酒杯来用。Zalto 不光是我这么多年来使用的功能性最强的酒杯，而且它真的是非常美。

我父亲从事玻璃生意好几十年了，家里进进出出有很多葡萄酒杯。它们来自于世界上各种地方——波兰、德国、爱尔兰、芬兰，当然还有美国。我估计我父亲要是知道我只用一个酒杯估计会很鄙视我——不是因为他对葡萄酒有多严格，而是因为他是如此热爱玻璃杯。他喜欢各种玻璃杯，喜欢光射在酒杯上的美，以及握在手中的触感。不仅是因为他从事这个行业，而是他真正痴迷于玻璃器皿。他享受美味的葡萄酒，但葡萄酒杯才是他真正爱的东西。

我认识的大多数葡萄酒专家都更注重酒杯的功能性而不是它们的美感。酒杯是否能很好地传达出一款特定葡萄酒的口味和芳香？当然，还有这些酒杯是否足够坚固不易碎。

奥地利 Riedel 酒杯公司已经赚得盆满钵满，其基于的理念就是所有的葡萄酒饮用者都需要为每种特定的葡萄酒配备特定的酒杯。事实上，他们不仅为不同的葡萄品种制造特定的酒杯，连不同国家都算上。阿根廷葡萄酒大使 Federico Lleonart 曾经和我说过，Riedel 的阿根廷马尔贝克酒杯"不适用"于法国卡奥尔产区的马尔贝克。他还说，法国马尔贝克和南非产的马尔贝克品质也不同。这些酒区别实在太大，以至于需要自己独特的酒杯。

Lleonart 先生说这和酒杯的形状也有关。"酒杯的形状决定了酒的流向。比如，一只黑皮诺酒杯可以让酒直接接触到嘴的前部。这样你就可以享用到更多的果香而不是酸度。Lleonart 先生还说，这只适用于果香浓郁的黑皮诺，但对马尔贝克就不适用了，黑皮诺（也称勃艮第）酒杯会让马尔贝克的口感变得"寡淡"。但有多少人会真正注意到，或真正在意马尔贝克会在那些非马尔贝克酒杯中变得"寡淡"呢？

我特别想请教一下我父亲对此的看法，但可惜他最近的记性不是很好。他甚至都不再喝葡萄酒了，我想他也不会怀念葡萄酒的味道，但我深知他一定会怀念那些美丽的酒杯。

装腔作势的隐患

　　你知道有这么一种人，他们连一款名酒的名字都读不对，还会编造一些故事描述他们都喝过什么伟大的年份酒。这就是葡萄酒圈里的葡萄酒骗子。他们会含糊其词地说起所谓神秘庄园或是年份酒，装作好像他们去过或有多了解似的。最会装的骗子会给出一些听起来相当可信的信息让人很难置疑。尤其是很多男性容易这样（尽管也有特例——见下文）。

　　为什么他们要这么做呢？他们想要得到什么好处呢（或者说不失去什么）？是因为他们认为其他人关于葡萄酒的了解都比他们少（或是多）？还是因为葡萄酒对他们来说就是很多虚构故事的堆砌？

　　"这款酒真是柔和"是初级葡萄酒骗子最喜欢说的；或者，稍好一点的会说"这款酒喝起来真不错"，这也是说了等于白说的一类表达。有时候专家也会说一些再明显不过的瞎话，就像我的一些朋友在纽约一家餐厅遇到的。

　　那家店声誉很不错，葡萄酒选酒尤其出名。我的朋友点了一瓶阿尔萨斯琼瑶浆，但没货了。当我朋友表现出不满意的样子的，侍酒师马上就向他保证说她店里有一款葡萄酒和他想要的几乎一样。

　　结果，上来的酒是长相思。任何经常喝葡萄酒的人都知道，这两种葡萄几乎可以说没什么共同点。很明显，那个侍酒师就是在说谎或是使诈，但为什么呢？这种假装了解葡萄酒知识或假装了解任何事的问题就在于，只要是有个懂行的人多问你几句，你马上就露馅了。

　　这并不是说我自己没有说过关于葡萄酒的谎话。很多年前，当我刚开始进入葡萄酒行业时，我曾假装自己品尝过一款红葡萄酒的年份酒。其实在那之前，我喝过几次那种葡萄酒，只不过不是那个年份的。后来我才发现，原来那个品牌在那一年根本就没出葡萄酒。

　　我的谎话并没有被揭穿（直到现在），因为当时我身边的人也所知不多，但我当时就决定我再也不想假装了（至少关于葡萄酒是这样）。再怎么样，无知也好过欺骗。

发现新大陆

　　近年来，葡萄酒作家们特别喜欢用一句话来形容西班牙的葡萄酒酿造形势，我简直是一次一次（又一次）看到这句话："沉睡的巨人已经苏醒。"（"The sleeping giant has awoken."不信你就搜一下这句话，看我说得对不对。）西班牙，传说中沉睡中的葡萄猛兽，已经从它几十年的蛰伏中（也就是长时间生产低劣葡萄酒）崛起了。西班牙已经开始酿造高品质的葡萄酒，虽然那句话在人们脑海中展现的画面更可能是 Fay Wray（1933 年版《金刚》女主角）和金刚，而不是里奥哈（Rioja）和普里奥拉托（Priorat）产区。

　　这两个西班牙葡萄酒产区可以说是"新西班牙"（一个比"沉睡的巨人"更有尊严的绰号）的代表。一方面，里奥哈是伟大的传统葡萄酒产区；另一方面，普里奥拉托则是在最近被广泛宣传的产区。

　　但这只是其中两个例子：西班牙全境很多产区都出产令人惊喜的制作精良的葡萄酒。一些小产区，比如卢埃达（Rueda）出产的白葡萄酒口感清新，果香充盈；而更宽阔的产区，比如卡斯蒂利亚－拉曼恰（Castilla La Mancha），则产有美味的红葡萄酒。大型的酒商和小型独立的酒庄都出产各类葡萄酒。红葡萄酒，白葡萄酒，起泡酒，加强型葡萄酒，酿造自不同的葡萄品种，比如霞多丽，还有像格德约（Godello）这种只有葡萄酒发烧友才能正确发音的葡萄品种（发音为"go-daY-O"）。

　　大多西班牙葡萄酒都能满足不同的需求——入口易饮且适宜搭配食物，价格也非常亲民。事实上，西班牙可能是当今世界上最平价的高质量葡萄酒产区了，低于 15 美元一瓶的西班牙葡萄酒比比皆是。可能将"西班牙沉睡的巨人"改为"西班牙最划算的巨人"更恰当。

测测酒温

你上一次给你的葡萄酒测温度是什么时候？是不是握住酒瓶时感觉它可能太凉了，或更糟的是有点儿太温热了？

葡萄酒服务和存储的一个最重要也是最容易被忽略的方面就是温度。这种情况在餐厅和商店那种不在意葡萄酒长期健康状态的地方尤其严重。如果温度提升过高，葡萄酒就会加速陈年。也就是说，你几天前刚买的酒尝起来要比真实酒龄老很多年。即便是在过热的商店或餐厅酒架上只放上几周，其影响也是立竿见影的。

或是如果温度真的很高，葡萄酒可能"过熟"，所有的果香和酸度都会消失。当店内或汽车后备箱温度达到一定程度，就会发生这种情况。但讽刺的是，过热葡萄酒最常见的地方，却是葡萄酒的运输卡车。惊人数量的运送葡萄酒的卡车并没有配有冷藏设备，即使在炎热的夏季。

即使没有过熟或是过早陈年，仅仅是感觉酒的温度过高也让人扫兴。温热这个词与葡萄酒并不是好搭档。过温的红葡萄酒（超过 65℉，约 18.3℃）容易让人只能品尝到酒精和单宁，而过温的白葡萄酒会让人感觉到酒精和果香的不足。果汁的清晰度会受到影响，酸度也会蒸发。

最快的中和方式就是放几个冰块在你的酒杯中（白或红葡萄酒），搅拌 4 秒，然后把它们取出来（尽量不要让它们在杯中融化）。已故的伟大葡萄酒作家 Alexis Bespaloff 认为 4 秒是适合的时间——而我用他的名字来命名这个小技巧，称之为 "Alexis Bespaloff 的 4 秒原则"应该是很明智的。

相反的情况是葡萄酒温度过低，不过这个问题小一些。过冷的温度（50℉，约 10℃）并不会破坏葡萄酒；事实上，它还有助于葡萄酒的保存（低温减慢了葡萄酒陈年的速度）。除非葡萄酒温度低到冻上，即便葡萄酒冰冻也比过热强。而且葡萄酒回温也很容易。双手握着酒瓶或者放在手臂内侧（没开瓶的）几分钟。但永远不要，在任何情况下都不要把葡萄酒放进微波炉——我真见过人这么做。

最后，我必须说我宁愿选择一支过冷的葡萄酒而不是过热的。毕竟，你喝下一杯酒之后身体也就暖起来了。

葡萄酒最大的迷思

葡萄酒有一个最大的谎言每天被成百上千甚至成千上万的葡萄酒爱好者所传播宣扬，那就是四个字——喝你所爱。这听起来还挺有道理：毕竟，你不会让别人去吃他们不爱吃的东西（除非你是他们的父母或伴侣）。但即使这样，喝你所爱也是一个糟糕的建议。

葡萄酒就是要探索和体验。它是一种沉浸于各种风味、质感和风格间的饮料。尽管饮酒应该是很享受的，但也不能只按一种方式反复只享受一种风味。而当人们被灌输"喝你所爱"这个概念后就很容易变成那样。"喝你所爱"这个信条让你丧失了探索葡萄酒路上的冒险精神。比如，如果你从未试过的话，怎么能知道你会喜欢上威尔士雷司令（Welschriesling）而不是莫拉维亚（Moravia）呢？

我意识到，这个理念背后其实是想让那些被太多选择所惊吓到的焦虑的葡萄酒爱好者放松和安心一些。但谁会需要被保护起来以致于不能做选择呢？选择不是我们都渴望的吗？

我的顾问反而主张"喝你所不熟悉的"，并不断这样去做。一个月中花一周的时间去尝尝那些你从没见过的酒。向朋友们、酒商甚至是陌生人（当然要有品味的）求推荐。如果你喜欢霞多丽，那就喝白皮诺（Pinot Blanc）或是灰皮诺，然后再试试卡尔卡耐卡（Garganega），也就是酿造苏瓦韦（Soave）葡萄酒的葡萄。这样一路下去，直到喝到字母表最后一位的津芳德尔（Zierfandler）——一种奥地利白色葡萄。

探索葡萄酒就像是（全盘衡量过的）冒险，可以带来巨大的回报。而且即使不成功也没什么损失。而且你尝试的越多，当你说"我知道我喜欢什么"的时候，你的可信度就越高。

说到闻葡萄酒，我们的嗅觉肯定不如狗、猫甚至

是负鼠，但至少我们拿酒杯的姿式肯定要强很多。

谁知道

一个葡萄酒的童话

我品尝过的第一支嘉维（Gavi）葡萄酒的酒标上有一个公主的画像。那时我只有 21 岁，在当时的我看来，那张图片是一个大卖点。它让这款葡萄酒看起来就像是皇家酿造的。虽然实际上那款葡萄酒酒体轻，也很简单；但因为那个酒标还有那款酒美丽的名字——佳薇娅公主（Principessa Gavia Gavi），它在一段时间成了"我的最爱"，我有机会就喝它，可以说非常频繁。然后突然有一天它就消失了。

我是在 20 世纪 80 年代末的时候喜欢上嘉维的，和其他美国人爱上它是同一个时间。它是来自意大利皮埃蒙特产区酿造自柯蒂斯（Cortese）葡萄的一款简单的白葡萄酒。嘉维之所以能流行起来，与酿造商对市场的精通和把握能力有直接关系，可能比葡萄酒酿造技术更胜一筹。他们的葡萄酒极少有特别好的。事实上，那时候的嘉维被称为皮埃蒙特的灰皮诺，非常易饮，也好发音。

一个嘉维的酿酒商 La Scolca 尤其知道怎么能吸引那些喜欢装的人，就像 Ralph Lauren 在他已有的蓝标和紫标产品线上又加了黑标系列，La Scolca 酿酒商做了白标和黑标两个产品线。当然，黑标是更吸引人的那个。经常听到有人在餐厅和商店中说"我想要一支黑标嘉维"。La Scolca 酒庄的 Gavi dei Gavi 是白标价格的两倍，它酿造自老藤且接触酒糟陈年，也就是说，它的风味会比白标更强，也更浓郁一些，但还是像大多数的嘉维一样，口味比较中庸。

嘉维随着时间的推移变得越来越好了——葡萄酒风格正加凝练，酿酒商也更加有野心，但这个类别还是渐渐有些败落。但我最近在找这款公主酒的时候，在一个杂货铺的货柜上发现了它，它看起来更加现代、更加普通，也非常便宜。我更愿意把它看作我第一款爱上的葡萄酒，也总想着那个关于酒标的故事。

在公元 6 世纪的时候，曾经有一个名叫嘉维的公主不顾父亲（国王）的反对嫁给了一个平民。随后，这对夫妻品尝了一些当地的葡萄酒，他们很喜欢。公主的父亲发现了他们结婚的事实后，决定原谅他们。几百年前在嘉维，这个故事比那支葡萄酒要重要。即使在今天，也没有改变。

葡萄酒专柜

数以百万的葡萄酒饮用者在超市买酒，但我并不是其中一员（至少一年买不了几次）。我有客观的理由，也带有主观的情感因素。客观的原因是我之前一直住在纽约，那里杂货店卖酒是违法的。情感方面的原因是我感觉在超市买酒很奇怪。葡萄酒和洗涤灵在一起？葡萄酒和狗粮在一起？把它们放在一个购物车里真不太合适。

还有就是架子上的酒本身的问题。大多数超市的酒，少有例外，都相当没惊喜。大多数也还不错，但几乎完全让人兴奋不起来，光看那些标签就够令人扫兴的了。会有人想购买或是酿造一瓶"超市葡萄酒"吗？

但我反对在超市买酒的最大原因是那里糟糕的服务。我几乎从来没看到有什么人能给顾客作出葡萄酒推荐。超市专柜不像葡萄酒商店里有葡萄酒专家在那里等候为客人提供服务；没有人已经品尝过每一款葡萄酒，能区分一支年份酒和另一支年份酒的不同，或是告诉你哪个酿酒商正做着很棒的尝试。一家优质的葡萄酒商店集合了各种对葡萄酒知识了解至深、视葡萄酒为至爱的人们。

这些年，我也见过一些超市会在葡萄酒专柜上设置为人们提供帮助的人。比如说，在我姐姐位于达拉斯郊区的家旁边，有一家叫 Kroger 的杂货店。里面有位非常友善的女士会为大家提供帮助，不过她也承认大多数店售的葡萄酒她都没有品尝过。她也给出建议，会推荐一些她"听说"还不错的酒庄。

如果是选黄油或是狗粮，道听途说可能还可以，但要是选葡萄酒可就不行了。在 Kroger，我后来还是买了几瓶酒：一瓶来自俄勒冈优质酿酒商的黑皮诺、我以前就试过的阿根廷马尔贝克，以及从众多货架上的新西兰长相思里选的一瓶长相思（因为长相思真是太流行了，在这种地方能找到比较划算的，因为销量大）。葡萄酒销售对我说："请您以后告诉我它好不好喝。"这只是随便搭话还是真是想得到答案？我也不确定，不过这真是让人沮丧。

我在一个城市里找到了真正拥有葡萄酒知识的超市销售人员——阿拉巴马州的

伯明翰。

我几年前曾去过那里考察当地的食品和葡萄酒产业，后来发现整个城镇连一个侍酒师都没有，但在超市里却有一些精通葡萄酒的人（一个当地人向我"泄的密"）。

我的第一站，是伯明翰郊区 Mountain Brook 的一家 Western Supermarket，事实上那里有三位葡萄酒员工，而且那里售卖的加利福尼亚葡萄酒尤其让人印象深刻。Piggly Wiggly（是的，这是南方一个杂货店连锁的名字）有一个非常有魅力的年轻葡萄酒顾问叫 Andrew Brim，他特别偏爱西拉。

我最近还回去了一次，去看 Brim 先生是不是还在 Piggy Wiggly，结果发现他还在那里卖酒，他还是爱西拉，但店里的西拉销售额并不如他所愿。而他所在的店还是城镇上买葡萄酒的最好的地方之一——不光是因为 Brim 先生选酒在行，更因为他知道那些酒尝起来到底是什么味道。

明星效应

当一个人红了以后，人们就觉得他们会开发自己的产品，或至少代言推广些产品。体育明星需要鞋的产品线，最好也有服装的。对于一二线明星来说，还应该有香水。食品稍微有些麻烦，而且在这个领域没有人能做到比已故的 Paul Newman 更好，Paul Newman 代言食品真是没人比得上。除了 Paul Newman，还有哪个明星代言的沙拉汁你会用来撒在蔬菜沙拉上？你会把其他人代言的 pretzels（椒盐小饼干）放进行李袋吗？

当然还有葡萄酒，比椒盐小饼干更高端一点儿，但其实受众更多。估计没有太多。名人拥有 pretzels 制造工厂，但很多明星都有自己的葡萄园，随便数数就有 Sting，Dave Matthews，Nancy Pelosi，Danica Patrick，Tom Seaver，Francis Ford Coppola 和 Angelina Jolie。

还有更大牌的明星乐于把他们的名字印在酒标上，不过很奇怪的是，这些印有明星名字的葡萄酒大多用的是同一葡萄品种。为什么明星代言的酒里至少都有一款灰皮诺呢？我真是搞不懂——至少从产品威望的角度上看是令人费解的，为什么一个那么有名的人会想把自己的名字印在一瓶用世界上最普通也最不受人尊敬的葡萄品种所酿造的酒上。

我知道这是市场营销，但为什么明星不找一些比较不知名的葡萄然后冠以自己的名字？比如 George Clooney 白诗南？或是 Jennifer Lawrence 特卢梭（Trousseau）（特卢梭是葡萄品种名，不是她的衣橱）？又一想，Jennifer Lawrence 可能不是明星葡萄酒代言的最佳人选，因为她在太多重要的颁奖礼上都摔倒过。她应该不想让我们认为那是喝多了特卢梭的缘故。

为什么明星都喜欢酿造或是装作要酿造葡萄酒呢？钱当然是一方面：明星的钱太多，他们怎么也要找地方来花（非常少的名人能真正从葡萄酒获利）。至于为什么选择那么便宜的灰皮诺来合作，我猜可能是想增加公众曝光率，即使公众看到你的时候是在超市葡萄酒专卖区买酒的时候（根据我读过的一份尼尔森 Nielsen

和你聊聊葡萄酒

报告，明星葡萄酒在超市的销售一直呈强势态势。2007 年明星葡萄酒销售额提升了约 20%）。

但作为一个平凡人，我只有一些猜想和理论。但我发誓，如果让我喝名人代言的酒，葡萄酒本身的品质一定要非常好，而不仅仅是因为它们有个会谈好买卖的经纪人。

南极霞多丽

下个世纪酿酒商们会选择种植哪种葡萄品种呢？又会将它们种在哪里呢？香槟区还适合种植酿造起泡酒的葡萄吗？还是未来的种植者会转向芬兰？勃艮第的黑皮诺会被连根拔起后种到南极去吗？即使今天这种猜想听起来可能有些匪夷所思，但就当今的气候变化而言，一切皆有可能。

事实上，气候变化早已经开始了。现在德国北部已经开始种植黑皮诺了，而不久以前那里从没有黑皮诺。现在连英国、爱尔兰和挪威都种植起葡萄了。

一些地区已经从全球变暖中获利（葡萄更容易成熟）；有些则遭了殃，尤其是温度升高导致干旱。但会有一天温度升高到一定程度以致于无法种植葡萄吗？科学家已经预言著名的葡萄产区如波尔多和勃艮第可能很快就因为温度过暖不再适合种植传统葡萄品种，如赤霞珠和黑皮诺。

如果这一天真的到来，新的葡萄品种就会取代传统品种进行种植，这恐怕是当今任何一个波尔多人或是勃艮第人都不会赞同的。怎么能把千百年来种植在这片土地上的葡萄品种换掉呢？而且这不光是葡萄园要改变，那些规定哪些葡萄品种种植在哪些地方的法令也要进行大幅修改。

有些产地预估受影响的程度可能较小，比如位于高海拔的阿根廷门多萨的葡萄园。靠近大量水的地方，尤其是海洋（比如俄勒冈威拉梅特谷 Willamette Valley）状况也会好得多。而有些种植区，比如西澳大利亚，一直在与无穷无尽的热浪做斗争，已经快要放弃一些特定的葡萄品种了，如赤霞珠（温度太高时葡萄藤的活力就会停滞，也就意味着葡萄的颜色和酒精度都会有损失）。有些种植地区甚至会消失，至少是酿不了葡萄酒了。2013 年，来自不同国家科学家组成的小组作出预测，大多数著名葡萄酒产区都会发生巨大的变化，包括纳帕和托斯卡纳。科学家表示，有些产区会萎缩 70%～80%，这都归结于气候变化影响（他们倒是没说纳帕的百万富翁们会不会也相应地移民到加拿大）。

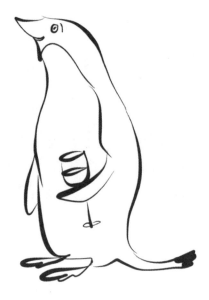

　　当然，还有其他各类极端天气，比如2014年纳帕谷的地震、勃艮第常见的破坏性雹暴，还有纽约五指湖区恶劣的霜降。这些事件的（长期）影响又会是什么呢？

　　最后，极端天气也将会（或是已经）改变葡萄酒的风格。高酒精的葡萄酒很可能变得更加成熟，酒精度更高，而凉爽地区的白葡萄酒风格也可能变得更强，也会提升酒精度。谁知道再过几十年，葡萄酒会演变成什么样子？可能葡萄酒爱好者的味蕾也会像气候变化一样经历极端变化吧？

依日期饮酒

应该什么时候喝才合适呢？喝啤酒的人是永远不会问这个问题的。但喝葡萄酒的人就认为这个问题是一定要问的，当他们已经出手购买一瓶有潜力的"严肃"葡萄酒——也就是会随时间的推移风味变得更佳的葡萄酒。

有些酒庄会在酒瓶的背标上标明"适饮期"，指出这款酒在什么时候理应达到味蕾享受的顶峰。当然，大多数有陈年潜力的葡萄酒（比如一级名庄波尔多）酒标上并不会提供这样的信息，有些事你要自己了解或至少要靠自己去找到答案。

这意味着去咨询卖你酒的酒商或是找个葡萄酒评论家。这两种行业中的专家可以提供给你饮用时间的建议，大概基于他们自己的经验还有阅酒无数的味蕾。有时候葡萄酒专家可能会给出一个相当长的时间段——十年或是更长。也就是说，这些葡萄酒达到最高点之后还会持续一段时间（不过这也可能意味着这个专家是为了减少错误的风险）。

适饮期其实最多不过是凭经验所作的猜测，基于葡萄酒过去的表现要再考虑一些变量，如种植条件和收获时的天气。因为炎热年份下酿造的葡萄酒与多雨年份或正常年份酿造葡萄酒的过程是不同的。

尽管葡萄酒适饮期理论上应该基于一款葡萄酒的记录，如果只有一两款年份酒的酿造历史，那么葡萄酒评论家去建议适饮期还是非常罕见的。这可能是根据葡萄酒产区或是酿酒师风格作出的归纳，但一些人认为只是无奈之下的最后手段罢了。

最好的可能也是最昂贵的解决葡萄酒适饮期困惑的方式就是买一箱这种葡萄酒然后品尝，在一段时间内一瓶一瓶地品尝，直到找到适合你味蕾的最佳时期。如果你喜欢果香并夹杂强烈的单宁，你可能想还是马上喝掉比较好。如果你喜欢柔和的单宁和温和的果香，你可能更欣赏陈年十年的葡萄酒。

对于那些对适饮期完全搞不清楚的人来说，好消息就是大多数情况下，他们也不需要搞清楚。极少数（一些专家认为低于5%）的葡萄酒具有随着时间的变化而发展得更具风味的能力。事实上，世界上绝大多数葡萄酒的适饮期和啤酒是一样的——立即，马上。

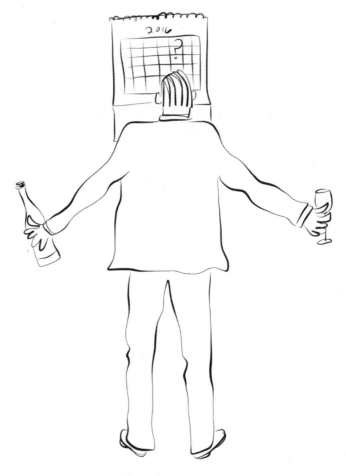

你的葡萄酒是劣质还是只是沉哑

有些葡萄酒可能在一段时间内变得"沉哑"。一款沉哑的葡萄酒就是乏善可陈的，至少在一段时间内会是这样。沉哑就像一支葡萄酒暂时"停工"了，不管是果汁还是香气，这种说法是更有趣味的，但可能也更让人困惑。

我曾经有几瓶葡萄酒被告知说进入了"沉哑"期，还有几瓶葡萄酒我倒期望是沉哑而不是没特色。足以让人混乱的是，没特色的葡萄酒和沉哑的葡萄酒喝起来口感是一样的。但一支沉哑的葡萄酒可以变得"苏醒活跃"起来，而缺乏个性的葡萄酒永远也不会随时间而变得有趣。

沉哑葡萄酒的概念并没有被完全理解，葡萄酒可以在任何时间进入沉哑。这个阶段可能会持续几年，而且完全没办法知道这款葡萄酒到底什么时候（或能不能）再次崛起。唯一能确定的方式是在葡萄酒生命的不同时期品尝它们；只有这样你才能宣称它并不是无聊乏味的葡萄酒，而证明它只是沉哑而已。

一些葡萄酒以多年沉哑著称，比如中年波尔多。一支年轻的波尔多打开后果香充沛且适口，然后就进入不定期的沉哑期，之后再次苏醒。还有其他的品种也是如此。北罗纳的一些红葡萄酒和白葡萄酒也会进入沉哑期，还有一些勃艮第的葡萄酒也是一样。据收藏者说，勃艮第葡萄酒的一个生命周期中会沉哑、苏醒好几次，这是另一个让勃艮第成为世界上最让人烦心的葡萄酒的原因之一。

一些葡萄酒收藏家认为沉哑/停滞的葡萄酒可以通过增氧而"打开"——进行醒酒后等个几小时，因为葡萄酒在沉哑期香气会损失。而另一些人则认为这不是真的，他们认为只有时间能唤醒一款葡萄酒。

有人打趣地说，一个最可靠的区分沉哑期葡萄酒和劣质葡萄酒的方式就是：一支现在尝起来平庸无奇的酒或许可以打上"沉哑"的标签，如果它当初价格不菲；不然，它就只是（又）一支平庸的酒而已。

第一口的滋味

几乎我认识的每一个人都记得他们第一次喝葡萄酒的经历，或者说是让他难忘的第一支葡萄酒（有时候可能是同一个回忆，但不总是这样）。对我来说，这两支葡萄酒是完全不同的。我喝的第一口葡萄酒是布恩农场（Boone's Farm）的 Tickle Pink，很可惜，这款葡萄酒（或者说是"葡萄酒产品"）已经不存在了（在布恩农场的网站上标明了 Tickle Pink 已经是"退休下架口味"了，同时下架的还有一些其他口味，包括过气的 Blackberry Ridge）。

Tickle Pink 是粉色的，口味甜，而且我觉得它的酒精度也是相当低的。对于16 岁的我来说可以算是完美的葡萄酒，但它并没有激起我去喝更多葡萄酒的兴趣。事实上，在之后的三年我也没怎么喝葡萄酒。直到四年之后我才遇到了让我难忘的第一瓶葡萄酒——威迪酒庄（Wente）霞多丽。

我是在俄亥俄州哥伦布的一家百货商店买的，那里有一个葡萄酒专区（很可惜，这家店现在也不存在了）。我之前做了好几周的攻略，很认真地选了这支酒。几十年前，威迪酒庄还是仅有的几家加利福尼亚知名葡萄酒品牌之一，尽管在今天这家总部在利弗莫尔（Livermore）的酒庄都快被人遗忘了。我当时没道理地特别以自己挑选的这款酒为傲（现在回想起来这酒还是相当不错的，但绝对谈不上有多了不起）。就好像我不仅买了瓶酒，还围绕着它在我家里创造出一种氛围，我有照片为证：五个人围着桌子站在一起，大家都聚精会神地瞻仰着这瓶霞多丽，或者可能其实只有我一个人这样。

我的朋友们也都有着相似的经历——第一支葡萄酒都基本是入门级（马尼舍维茨 Manischewitz 的提及率很高），而后难忘的葡萄酒口感尚佳，但也不一定是极品，就像我那瓶威迪霞多丽一样。喝酒时的氛围也是让人印象深刻的一方面原因，对我来说，就像是我的毕业典礼。

我朋友 Gabrielle 的第一支酒是蓝仙姑（现在她作为成年人认为它"甜得可怕"，但在当时可能还很喜欢呢）。但给她留下好印象的则是完全不同的葡萄酒。她当时在法国，算是"寄宿"在一个半勃艮第家庭里。有一天，她的法国爸爸递给她一杯蒙哈榭。Gabrielle 觉得这杯酒简直棒极了，在那时她的法国爸爸告诉她那是因为勃艮第有着优异独特的风土，所以那里的酒比其他地方的都要好。在那时，她觉得这纯属是法国本地至上主义，但这么多年过去了，她越来越认为他说的可能是对的。

是那时的经历和那杯酒天然的美味，让她难以让人忘怀，不仅是伟大的风土。因为葡萄酒有着巨大的情感因素，对一瓶特定葡萄酒产生共鸣，尤其是在刚开始喝葡萄酒的时候，和饮用时的背景环境息息相关。尽管我的朋友 Gabrielle 非常幸运地喝到了蒙哈榭，但真正的葡萄酒大师都知道，是"人和"与"地利"共存才让一款酒与你真正产生共鸣。

北方在融化

我最近在布鲁克林的一个葡萄酒商店买了一瓶非常不错的加拿大雷司令。我买它的一部分原因是在美国很少能看到加拿大葡萄酒，还有一个原因是旁边的一个促销卡片上写着它酿自"加拿大最好的酿酒师"。

这个口夸得有些大，也有些奇怪。这就好像酒商把加拿大看成和密歇根或是纽约一样（加拿大可是世界上第二大的国家）。另一方面，称一个酿酒师是密歇根最好的可能也是有点儿奇怪，估计也没有多少葡萄酒爱好者（密歇根之外的）会认为这有多大的可信度。

我问酒商这张卡片到底能不能吸引潜在的购买者，他倒是很惊奇我会问这样的问题，他承认说，没什么用。看来即便是来自加拿大最佳酿酒师的葡萄酒也不足以说服布鲁克林多疑的葡萄酒爱好者。

但其实加拿大酿造葡萄酒已经有几百年的历史了，不只在安大略省，还有魁北克、新斯科舍，还有不列颠哥伦比亚省（以欧肯那根谷 Okanagan Valley 最为出名）。在其他省份也酿造果酒。但加拿大葡萄酒？我敢说加拿大葡萄酒的粉丝可比加拿大啤酒的粉丝少太多了。

这些年加拿大葡萄酒唯一能对美国产生影响的就是冰酒了，一种利用在葡萄树上自然冰冻的葡萄酿造的餐后甜酒（葡萄酒中的糖不会冻上，但水会，因而产生高甜度的葡萄酒）。在一些国家，例如德国，这种酿造方式的起源地的气温不一定每年都能降到能酿造冰酒的程度。但在加拿大，尤其是在安大略省的尼亚加拉半岛，冰冻条件几乎都可以得到满足。云岭酒庄（Inniskillin）就位于那里，它们产的冰酒在美国的货柜上还是经常可见的。

但加拿大现在也涉足其他种类的葡萄品种：霞多丽、黑皮诺、西拉和梅洛。尼亚加拉半岛的霞多丽和黑皮诺尤其优质，还有雷司令、佳美和品丽珠酿造的葡萄酒也很不错。即便如此，美国市面上几乎看不到加拿大葡萄酒。这里有分销和税的原因，但加拿大人自己似乎也没有为葡萄酒事业或是葡萄酒形象做出什么努力。他们没有向美国出口太多葡萄酒，但却令人痛心地创立出一个叫作"国际加拿大混酿（International Canadian Blended）"的品类。

国际加拿大混酿里会混有相当大比例的非加拿大葡萄，但还是以加拿大葡萄酒冠名。这些葡萄可能来自于任何地方——南非、阿根廷或是华盛顿。它的概念是用更便宜的葡萄来提升加拿大的产品。

加拿大一些葡萄酒商店的葡萄酒区专卖这些国际加拿大混酿，大多数情况下它们占得的区域比"真正的"加拿大葡萄酒或是酒商质量联盟（Vintners Quality Alliance）的酒还要大。我觉得原因是混酿的葡萄酒会便宜得多，在安大略省种植霞多丽葡萄的成本要比在智利种植高得多。

这对于那些在恶劣天气下努力获得好收成的加拿大酿酒商们可能是个福利，但这并不能给潜在的加拿大葡萄酒客户传达出自信的信息。难道他们真会想要一瓶"智利葡萄酿造的加拿大葡萄酒"吗？我们北面的朋友们值得更好的表现。

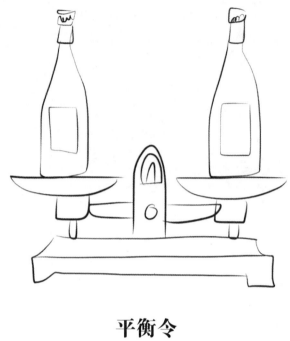

平衡令

十年或是二十年后，当葡萄酒爱好者回看现在，会认为当前是言必称"平衡"的时代，大家酿造的、喝的或是谈论的都是"平衡"的葡萄酒。

"平衡"可以说是当今最时尚的一个词。侍酒师销售平衡的葡萄酒，葡萄酒作家也用笔头向平衡致敬，甚至一群"平衡"派酿酒师还有了自己的组织。组织的名字叫"追求平衡"（In Pursuit Of Balance，IPOB），这名字说不上好听，但组织的目标倒是明确地表达了出来。

"追求平衡"组织中的人（加利福尼亚的黑皮诺和霞多丽酿酒商们大多年轻帅气）把无操纵和无加强的葡萄酒称为是"平衡"的。也就是说，像无添加酸或糖也没有调整过酒精度（有很多设备可以做到，很多酿酒师也会使用这些技术）。他们想酿造尽可能"原汁原味（Authentic）"的葡萄酒。"原汁原味"是这些追求平衡的人喜欢的另一个词汇。

一支平衡的葡萄酒不会有过高的酒精度，按照那些"追寻者"（我起的昵称）的原则。一个俱乐部中的创立者甚至给这个酒精度限定了一个不能超过的数值（酒精度 14.2%）。如果这看起来有些武断，事实上，这与区别马和矮种马的方式是一样的，通过高度不同来区分（一个怪异的巧合是它们竟然是一样的数字——14.2 掌宽）。

还有一个词"平衡宣言（Manifesto of Balance）"概述了一支平衡的葡萄酒所需符合的不同要求；说不定也有"平衡握手仪式（Balanced Handshake）"之类的词。这个组织资格要求很严格，也相当排外，就好像如果霞多丽或是黑皮诺是组织外的人酿造的，那他们的葡萄酒可能就会有不平衡的嫌疑。

"平衡"是主观词也是客观词，它可以形容感知，也可以说明事实。如果一支葡萄酒的橡木桶气过重，那橡木就太突出了。葡萄酒的酒精度过高也是一样。不平衡的葡萄酒自己就会显现出来，或者至少说这就是平衡酒的一般概念。葡萄酒里的所有元素都应该是和谐的：果汁、酒精、橡木桶。但话说回来，不同葡萄酒爱好者对这每一种元素的容忍度都是不同的，有些人可以容忍，甚至说是更欣赏橡木桶的味道或是更多的果香。汝之不平衡，彼之大享受。谁是品尝葡萄酒的金发姑娘①来决定什么样的葡萄酒才是"刚刚好"的呢？

平衡当然是值得追求的，但我确信这只是转瞬即逝的——葡萄酒如此，人生也是如此。

---

① 译者注："金发姑娘（The Goldilocks）"源自童话《金发姑娘和三只熊》的故事。"金发姑娘原则"指出，凡事都必须有度，而不能超越极限。

握手寒暄

葡萄酒和人的双手有什么联系呢？葡萄酒是双手制造出来的；它们由双手采摘；它们是酿酒师们亲自动手酿造的。当今的葡萄酒如果是手作的，那必然是值得广为宣传的。但在如今这个技术高度发达的时代，为什么手工还是最值得吹捧的工具呢？

一个猜想是手作说明了一支葡萄酒的真实性。手工参与酿造的葡萄酒让它变得更加私人，也更加"真实"，同时这支葡萄酒就有了来源——酿造地点或是创造它的人。

手的力量从众多带"手"字的酒庄名字上可见一斑。澳大利亚巴罗萨谷的双掌酒庄（Two Hands Wines）是当地最有名的地产之一，酒庄的葡萄酒都是"天然"的，由酿酒师 Michael Twelftree 和他带领的团队手工酿造而成。华盛顿有一个 14 手酒庄（14 Hands），不过它的名字和野马相关，而不是在酒庄工作的 7 个人（这里的"手"或者说"掌宽"测量是用来测量马的体高的；一只小型马，如野马，一般不高于 14 掌宽）。

纽约五指湖区的心手酒庄（Hearts & Hands winery）的名字似乎完美诠释了葡萄酒带给我们心灵和手上的双重触动。加州的黑手酒庄（Black Hand Cellars）、华盛顿的魔术之手酒庄（Sleight of Hand Cellars），这些名字暗示魔法师曾经在酒庄施了什么魔法，但这似乎也让酒庄的葡萄酒听起来不是那么可靠。

如果说到毫无顾忌，我最爱的一个酒庄名字是上帝之手酒庄（Hand of God Winery），位于阿根廷的门多萨。事实上，这个名字指得是阿根廷足球运动员的一粒著名进球，并不是什么葡萄酒的神圣干预。上帝之手酒庄的葡萄酒是手工采摘和分拣的，不过酒庄也没说明这些动作到底是谁的手操作的。

不过尽管有这些声称"手作"的酒庄，近年来葡萄酒酿造工艺的重要进步和双手确实没什么关系。机器用最轻柔的方式采摘葡萄，允许酿酒师编程（用到他们的手），以精确控制发酵时间和温度条件的发酵池。还有能够提取酒精的机器和加水回去的机器。这些机器酿造出不少工业化产品和难以入口的葡萄酒，但也算是成功让一些酒庄做出了质量好得多的葡萄酒以免于倒闭。

尽管有些葡萄酒爱好者相信技术没用，我却有些不同的观点。任何以酿造出个性化和充满特色的葡萄酒为目标的酿酒师都值得得到掌声。

价格与对价格的感知

有时候人们会问我一些答案显而易见的问题，其中有一个成本比较的问题就经常会有人问。10 美元一瓶的葡萄酒和 100 美元一瓶的到底有什么区别（当然，具体数字可能会不同）？

答案很明显是 90 美元，不过我想竭力控制自己不这么轻易地调侃回去，于是给出些回答。第一个回答很简单：一些葡萄酒酿造起来成本就是比其他的要高。可能是小批量生产，也可能需要使用昂贵的新橡木桶或是酿造的葡萄购自著名的葡萄园，或是非常供不应求，仅仅这样就能让价格上涨。

第二个答案就是价格感知。10 美元和 100 美元之间的区别不仅是销售和市场营销，葡萄酒的市场定位也是定价方程的一个重要部分。我与几个纳帕的酿酒商有过几次（私下的）谈话，他们对于自己的葡萄酒价格比同行低这件事非常烦躁（是的，纳帕谷真有酿酒商会有这样的想法）。如果他们的酒每瓶比同行的低 25 或是 30 美元，他们就会担心自己的葡萄酒和同行的不对等。

先不管这是不是公平的问题，或其实酒的标价已经能产生足够的利润；酒庄庄主不希望别人认为他们的葡萄酒不是最好的。对一些人而言，如果他们不了解酒庄或是产区，价格是他们唯一得到的信息。他们至少能说，"我花了 100 美元买这瓶酒"（我们都知道喝葡萄酒的人喜欢说这样的话）。

但回到第一个问题。在大多数情况下，我会先反问："为什么你要这么问？"如果他们想知道 10 美元的酒能不能和比它们贵 10 倍的酒相媲美，那么他们可能更需要知道自己品味喜好而不是事实真相。他们想要确信（或是相信）他们不需要花大价钱就能买到和一些昂贵的葡萄酒一样好或几乎一样好的葡萄酒。

已经有研究（多次）显示人们只有约一半概率能区分昂贵葡萄酒和廉价葡萄酒，这和随机的概率差不多相同。可能这只是换价签的问题？

鼻子的妙用

尽管几乎每个人谈论葡萄酒时都会说它尝起来是什么味道，而不是闻起来怎么样，但很难说这是准确的描述。葡萄酒"尝"起来的味道几乎就是它闻起来的味道。据说，葡萄酒80%的特色都存在于它的香气。简而言之，最关键的就是你的鼻子。

已故的伟大波尔多葡萄酒大师 Émile Peynaud 在他的权威书籍《葡萄酒的味道》（*The Taste of Wine*）中写到，嗅觉"要比味觉敏感一万倍"。鼻子是葡萄酒爱好者们最强大的工具，经过细致训练的葡萄酒品鉴师（葡萄酒闻香师）可以察觉出几百种不同的物质（香水师也有这种能力）。而舌头，只能品尝出几种味道：咸、甜、苦、酸和鲜味。

大多数葡萄酒饮用者能感知到的杯中的果香——樱桃、草莓、树莓等，这都是鼻子闻出来的味道。还有木香、香料、蔬菜以及各种花香，这些都是香气，而不是味道。

最好的感知香气的方式是"鼻腔呼吸"，字面意思就是"通过鼻腔呼吸"（嘴巴要闭上）。喝一口葡萄酒，让酒在舌头表面旋转，同时深吸一口气，然后再呼出。这样能更好地把酒的香气吸入你的鼻腔（其实这个动作做起来比听起来要简单得多）。

但气味是会迅速消散的，所以当你闻一杯葡萄酒时最好用鼻子贴近酒杯，快速、用力地嗅上几下，一次只要几秒。因为气味是不持续的（即它们不能停留在空气中），所以即使你长时间闻也不会有更好的效果。

但无论我们如何训练鼻子去识别气味，把气味与葡萄酒种类或是特定产区相匹配，我们最终也无法和动物的能力相比。Peynaud 教授表示，无论人类的嗅觉多发达，也比不上很多哺乳动物或是嗅觉灵敏的昆虫。他在《葡萄酒的味道》中写到："根据人种学假说，从人类开始直立行走起，人类的嗅觉能力就丧失了许多，以换得视觉和听觉。"

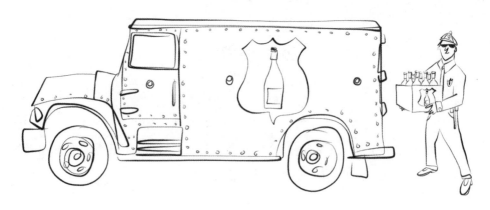

　　换句话说，提到闻葡萄酒的能力，我们的嗅觉肯定不如狗、猫甚至是负鼠，但至少我们拿酒杯的姿式肯定要强很多。

小众的颂歌

　　如果你脑袋中有很多一般人不知道的小众知识，大家一定会（错）认为你是一个无所不知的专家。这个原则适用于很多领域，从世界历史到政治，再到戏剧，当然在葡萄酒领域尤其如此。那些连最边边角角的知识都熟记于胸的人（见：餐厅侍酒师）最值得人们尊敬，他们对其他人的影响也不容小觑。

　　或者说至少对于在地图上找不到施蒂利亚州（Styria，奥地利）或不知道法沃里达（Favorita）葡萄品种的味道（高酸）的葡萄酒爱好者来说是这样的。但其实掌握小众葡萄酒信息最重要的一点是，它能帮你用很划算的价钱寻到一款好葡萄酒。

　　人人皆知的东西肯定比小众的要贵——这不仅是经验之谈，也应该算是基本确认无疑的事实。这也就是为什么纳帕的赤霞珠或是桑塞尔永远不会便宜。它们有大量的拥护者，从来不愁卖（一个著名的葡萄酒主管曾经告诉我，基本想给桑塞尔定什么价都可以，无论多贵都卖得出去）。

　　但一瓶昆西（Quincy）呢？那就完全不一样了。极少人知道这款酒酿造自只离桑塞尔几英里外的长相思。如果有了这条信息的扶持，一个有胆识或是预算较紧的葡萄酒爱好者就可以用比桑塞尔低一半的价钱买到一款相似的葡萄酒。

　　而这样的例子数不胜数。事实上，每一支名酒都有它小众的替身。喜欢皮埃蒙特的巴罗洛（Barolo），却银子不足怎么办？试试加蒂纳拉（Gattinara）或盖姆梅红（Ghemme），它们都酿造自内比奥罗（Nebbiolo，和巴罗洛一样），喝起来味道很像，优秀的酒款可以有近乎于相同的陈年能力。

　　还需要更多的例子吗？如果他们不想花小几百美元在夏山 Chassagne 或是普里尼 Puligny 身上，圣欧班产区（Saint-Aubin）的白葡萄酒可以是勃艮第白葡萄酒爱好者的选择。Hubert Lamy 和 Pierre Yves Colin 是这个产区优秀的酿酒师，此产区与夏山和普里尼的葡萄园接壤，它们的葡萄酒和其邻土的葡萄酒十分相似，拥有同样的高酸和清澈的矿物质，而价钱却只是名酒的零头而已。

这些葡萄酒一般在酒单上和它们知名的兄弟们写在一起，或是在什么都有的"杂项"那一栏（有时候也会被简单列在"其他"中或是听起来更诱人的"有趣的发现"下）。

如果是后者，侍酒师还是非常有可能喜欢这些酒的（如果标成了"其他"，估计这位侍酒师是在花言巧语的葡萄酒销售人员的轰炸下才买了这款酒）。如果侍酒师把酒列在"有趣的发现"下，那可能是侍酒师真的很喜欢这款酒，即使他感觉在酒单上找不到合逻辑的地方去放置它，还是忍不住买下了这款酒。一款小众的葡萄酒需要侍酒师去吸引和启发潜在的消费者——把一个商品转化为一种使命。

开发出你自己的小众葡萄酒单是很有价值的。它不仅可以扩展你的想法、开发你的味蕾，而且几乎可以确定能帮你省下不少钱。

转型中的国家

我从没去过南非，但每一个我认识的曾经造访过南非的葡萄酒大师无一不赞美那里视觉上的震撼。他们谈论它惊人的风景、大海、山谷和绵延的山脉。最后，他们会转而聊起葡萄酒。他们会说，比想象的要好得多，一些酒还真是不错。说完就又聊回那里的陆地、海洋和天空。

类似这种游记让我特别想去南非，但不得不说，这么多年我喝过的南非葡萄酒并没有激起我想去那里的欲望。

南非酿造葡萄酒得有几百年的历史了（从17世纪开始），曾经有过一段时间，康斯坦尼亚（Constantia）的葡萄酒被认为算得上世界上最好的葡萄酒。但从那时到现在，南非葡萄酒酿造业已经经历了太多的起起伏伏。最低谷的时候是南非种族隔离时期，当时完全没有葡萄酒出口，一家名叫KWV的联合协会严格控制了国内市场。他们看重数量而不是质量，且强调加强葡萄酒多过餐酒。我记得在种族隔离时期，我正在纽约的一家葡萄酒商店工作，当时店里有KWV的葡萄酒，但都被藏了起来。只有南非人——KWV的顾客总是南非人——才会知道点名要这些葡萄酒。

一直以来南非最好的葡萄酒有一个不那么优美的名字——"Steen"。这来自于荷兰语"石头（stone）"，这是长时间以来（直到现在也是）南非最重要也是种植面积最大的白葡萄品种。但直到最近，南非人才发现原来他们的 Steen 就是白诗南。所以现在南非大多数葡萄酒标上都会标上白诗南，尽管一些顽固派还是喜欢用 Steen 这个名字。南非有一些非常优异的老藤白诗南，但很可惜，由于并没有太大的出口市场，造成很多酿酒商逐渐把它们连根拔起了。

南非的西拉好像更有市场——西拉是很多酿酒师眼中升起的新星，他们很喜欢它的重口味（香料、黑胡椒、黑莓），这和他们的国菜（烤肉野餐，braai）很搭；梅洛也是在南非表现不错的红葡萄酒；赤霞珠是南非之王（就像它在世界上其他地方一样），它在主要的葡萄酒子产区都长势良好，如黑地（Swartland）、德班维

167

尔（Durbanville）和斯泰伦博斯（Stellenbosch）。

有一个南非的葡萄品种我永远都不能理解，那就是皮诺塔吉（Pinotage）。它是南非的明星品种，不管好坏（我认为当然是后者）。我从未厌恶一个葡萄品种像厌恶皮诺塔吉这样。它诞生于 1925 年，由南非斯泰伦博斯大学（University of Stellenbosch）的一位葡萄栽培教授研发，是黑皮诺和神索（Cinsaut）的杂交品种，概念是想让它拥有二者的优点：黑皮诺的优雅和芳香，以及神索的耐寒强壮。但没想到，他创造出的葡萄酒有指甲油、烧焦的轮胎和老动物毛皮的味道。这种葡萄酒你只有捏住鼻子才能喝得下去。

我已经用了好几年尽量去找理由爱上皮诺塔吉，或者说至少能接受它。我几年前筹划了一个大型皮诺塔吉品鉴会，发现有一些葡萄酒并没那么糟糕。我甚至发现了一支我非常喜欢的（Beyerskloof Diesel——以 Beyerskloof 酒庄的一只狗命名）。但我也激起了一些忠诚的南非人的愤怒，他们对于我本就不喜欢这个品种异常不满。他们给我写充满怒气的邮件并在博客上留言，就好像我烧了他们的国旗一样，而我只是给他们的旗帜性葡萄品种打了分。估计我要等到有一天南非的皮诺塔吉都被拔掉被西拉所取代，我的南非之旅才会成行。

赞赏平庸

你会有时候只想要一支说得过去的葡萄酒吗？普通到并不能激荡你的灵魂或是让你高兴得做侧手翻，而只能帮你解解渴？

在严肃的葡萄酒世界里待太久（大多数时候），我觉得这里讨论的问题是相当不敬的，但这种想法确实不止一次在我脑中出现过。我太过习惯于用批判的眼光去审视葡萄酒，寻找复杂和挑战，是的，带来的缺点就是会丧失喝葡萄酒的简单愉悦感。一支简单的葡萄酒就只有一层风味而不是多层，而这可能也不总是什么坏事。

几年前我在巴黎看望我的朋友和她的先生，我和她的先生并不是很熟。我们三个人去一个小餐馆吃午餐，各自点了一杯桃红店酒——一款波尔多。喝了之后感觉没什么特别，事实上特别一般。我就简短地把这个事实陈述了一下，顺便罗列了它的几个短板。

我朋友的先生听完很生气。他问我说："你怎么就不能只好好喝酒呢？为什么不管什么酒都要评论一番？"他的意思是，为什么你就不能享受这一刻？享受巴黎的春天？享受这一顿饭呢？可能他还有一些话没说出口，他的意思可能是：你怎么能确定我就不会喜欢这杯糟糕的桃红葡萄酒呢？

当时我感觉要为自己辩护，毕竟这是我的工作——关注酒、指明它的优缺点。但过了很久以后，我才意识到我朋友的先生说的可能也有道理。葡萄酒不一定总要传达复杂度或是成为一个脑力挑战，它甚至不一定是大家关注的焦点。有时候它可以只是一餐的附属品，即使它（远远）不够好也无伤大雅。

葡萄酒礼物

葡萄酒是最好送也是最好收的礼物。即使你不喜欢也没什么大不了，错误很好纠正，再送给别人就是了——而接下来，收到的人可能会做同样的事，把他们自己的酒送给别人。确实，我已经收到过几瓶我确定是经了好几手才落到我手里的葡萄酒，直到我再次给它们转送出去（我发现茶色波特尤其是这种接连转送的热门酒款）。

当然，有一些葡萄酒确实更受欢迎一些，但如果你能遵循我的五大葡萄酒送礼原则，你的礼物定能让（绝大多数）人满意，也就能减小你的礼物被再次转手的可能性。

送大酒瓶

一支大酒瓶的葡萄酒等同于一般酒瓶两瓶的量，但总量上，尤其是视觉上看，可要比两个分着的酒瓶大多了。一支大瓶酒看起来像是超级多——就像是四或五瓶那么多，而不是两瓶（这真是大酒瓶神奇的地方）。大酒瓶给人一种宽宏和丰盈的感觉——可能更激动人心的信息是传达出送礼的人根本不在乎钱。酒瓶里面的内容几乎不重要，因为大小太完美了。注意：此原则唯一的例外是你的大容量葡萄酒是超市购买的。这几乎可以说是起到了完全相反的作用。

红比白好

我不相信红葡萄酒天生就比白葡萄酒高贵，我自己喝红葡萄酒和白葡萄酒的量是一样的。但不知什么原因，人们似乎认为红葡萄酒比白葡萄酒更加有深度——就像你先拿白葡萄酒练手，然后以红葡萄酒"毕业"。但因为这种错误的言论仍然被很多人相信，如果让我在两种颜色中选择一个作为礼物，我还是会选红葡萄酒。

避免小众

有一次我买了一瓶非常好的莫斯卡托甜白带去一个富人家。他完全不知道我带去的是什么酒，只知道是一瓶不是香槟的起泡酒。他就把这瓶酒放在靠近前门的餐柜里（很明显，是希望有人，也许是他的管家能把它拿走）。他没有向我表示感谢，而且很明显也不认为这是一个礼物，可能这东西实在是在他的认知之外。我学到了一课：不要送一些小众葡萄酒作为礼物。

起泡酒是首选

尽管红葡萄酒比白葡萄酒安全，香槟仍然是最安全稳妥的。最好不是随处可见的牌子（不然主人就知道你花了多少钱），但要包装精美，最好有许多金字在上面。我建议找一个鲜有人知的酿酒商而不是像酩悦这样的大品牌，尽管这听起来好像有些违背了第三条规则。

拒绝礼品装

任何需要附加物的葡萄酒都不值得饮用。如果葡萄酒杯或野餐篮或开塞钻配在葡萄酒边上一起卖，基本可以确定这是酿造商希望你能忽略酒瓶中的酒。任何包在玻璃纸里的葡萄酒都应该避免。当然，除非这真的是一瓶水晶香槟（Cristal），如果是这样，你可以把它送给一个好友——你的会计师或是一个摇滚明星。

一些珍藏

"我永远会买珍藏酒"我叔叔曾经这样对我说，并且那种口吻就像是给我一个伟大的建议。他还加了一句，"珍藏酒永远是最好的"，生怕我会错过重点。我的叔叔是个很精明的成功商人，挣了不少钱，但说到葡萄酒，可能用天真形容他更恰当一些。他就是酒庄创立"珍藏酒"时的目标客户——这些酒无外乎就是靠市场营销和精美的标签来区别于"非珍藏酒"而已。

在葡萄酒世界的很多地区，对"珍藏"并没有公认的定义或是法律上的强制规定。当然也有一些特例，在西班牙（里奥哈）和意大利（托斯卡纳），葡萄酒必须经历额外的陈年才能被称作"珍藏"，但在很多其他地区这只不过是个华丽的名头，而且经常比较贵一些，在那里，"珍藏"这个词并不表示设定了最短的陈年年限或是地区的专属性。

在理想的情况下，一支珍藏酒应该比"普通"的葡萄酒有更高一级的水准，可能是由于葡萄园所处位置优越或是克隆品种比较珍稀，或是当年的葡萄采收异常精彩，或者以上全都满足。

"珍藏"就像"老藤"——又一个没有法律意义的词汇表达。老藤可以是十年、二十年或一百年。只有酿酒师才能决定到底多老才算老。然后他就会称呼它"老"，几乎不用担心会有人问"老到底与什么相对应"。

这两个词汇几乎都保证了价格肯定会上涨。如果是老藤酿造的珍藏，那这点就是确认无疑的了。对了，这似乎在美国葡萄酒上出现得比欧洲葡萄酒要多，可能是因为欧洲对珍藏酒的构成规定更严格一些，或者他们拥有的合乎规定要求的葡萄藤数量庞大。

我确实向我叔叔传达了我的疑虑。他对这些年来中了市场营销手段的圈套而感到沮丧。他问我应该怎么做，我建议他可以试试（盲品）品酒。为什么不把"普通"和"珍藏"的葡萄酒都买来，看能不能喝出其中的区别？可能他还是会发现喜欢珍藏，或是发现原来普通葡萄酒会更好或至少是一样好。他答应我愿意一试，然后再给我反馈结果。

　　几个月后，我叔叔打来电话，听起来特别兴奋。他说他再也不买珍藏酒了，他终于醒悟了。听信葡萄酒标签上的几个词并没有让他获得成功。对了，他这样做也省了不少钱。

多谢吐酒

葡萄酒品鉴的一个最关键的环节其实不是喝酒，而是吐酒。吐很多酒，一遍又一遍。事实上，所有举足轻重的葡萄酒专家都可以很好地掌握这一关键举措。可以说是尝遍二三十款葡萄酒还能记住它们的名字和简介，还是完全忘记（可能还会丢人现眼），这之间的区别完全在于吐酒。

但有效的吐酒技巧并不易习得，要经多年才能学到精髓，也就是完美的液体弧度，这不管是在挤满了葡萄酒专家的房间甚至在你自己家往杯子里吐都很重要。

有几个吐酒者的非正式分类可以揭示出品酒人是否拥有高超的技艺。有的人不知怎么就是不能真正把酒吐出来，我有一些朋友就是这类人。有人说他从物理的角度就做不到；还有人说他感到非常不好意思吐出来；还有第三种人说他就是不想"浪费"酒。

有的品酒人想尝试，但就是不能完全成功。还有流口水的人，这些人好像就是不能让葡萄酒完全吐出来，吐的时候就在半路停住了，这是因为缺乏练习，而且嘴里的葡萄酒太多了。

对于刚开始学习吐酒的人，最好从非酒精饮料开始——水就不错。而且最好别喝太大口，也不要想瞄太远。距离越短，对新手越有利。当你练得多了，你就可以掌握这个技术了。已故的伟大葡萄酒作家 Alexis Bespaloff 也是更伟大的吐酒者，人称"吐酒人中的巴里什尼科夫（Baryshnikov）"①以赞赏他吐酒瞄得准，并能吐出令人震惊的彩虹弧度。

好消息是专家的容器大多数都相当大，一般是冰桶或是大的吐酒桶，如果你把它举起来确保能都吐在里面也没什么丢人的。有时候酒庄甚至会允许或鼓励品酒人吐在地上。友情提示，只有吐到脏地板上才行，或是吐在下水道里（总体来说还是相当难的，所以初学者还是用吐酒桶为好）。

---

① 译者注：芭蕾舞舞蹈家及舞蹈导演。

　　吐酒时糟糕的部分是什么？并不是"浪费"葡萄酒，或是把葡萄酒撒在你鞋上，而是有时候酒会从吐酒桶中溅出。这会导致葡萄酒品鉴中最恼人的情况——后溅。这种情况会出现在吐酒桶中液体过多时，也就是葡萄酒会反溅到吐酒人身上。我曾经见过非常恶心的后溅场面。不过什么也比不过一个知名的葡萄酒作家穿上一身白西装（算你勇敢），然后上面溅满了红葡萄酒。

　　这就引出了我给出的最重要的一条吐酒建议：无论什么时候，只要可能，一定要穿黑色衣服。

群体失常

如果有一个特别的场合——一家艺术馆开业、一本书的出版，或者是一场婚礼，一件事几乎可以确定葡萄酒一定不怎么样。我不知道为什么这个定律很少被打破。作为一个这么多年来参加过无数的婚礼、签售会和艺术开幕式的人，我在以上场合饮用（或假装饮用）过不少分给我的低劣葡萄酒，我可以证明这定律很可靠。

无论上面所涉及的艺术品是不是价值百万美元，或是畅销巨作，或是肯花十万美元在鲜花上的即将成婚的一对新人，葡萄酒只是作为酒精饮料补充进去的东西，经常选用智利甚或巴西的葡萄酒。

我也主动表示过想提供帮助，尤其当我认识新郎或新娘并且也要在现场喝那些酒的时候。一些新娘（不知道为什么，永远是新娘）会接受我的帮助，但远没有你想的那么多，或是我希望的那么多。

我猜测这主要有几个原因，尽管在这里提醒你，其实我觉得哪个理由都不够好。第一个是钱。极少人愿意花超过几美元的钱在一瓶很快会被喝完的东西上。这是我能想到有人会选择巴西梅洛的唯一合理解释（是的，我真的在一个朋友的婚礼上喝过，我就不说是谁了）。我很想知道他们花了多少钱在鲜花上，我保证鲜花的花销肯定要超过葡萄酒。

第二个原因其实和第一个有关，或者说是一种理性解释：没人在乎。这个观点认为在场的人会被艺术或书或婚礼之美所感染，根本注意不到他们喝的是劣质葡萄酒。我承认可能震撼灵魂的艺术作品或是精彩绝伦的小说也能做到，但我坚信，没有任何婚礼的喜悦能敌得过巴西梅洛带来的沮丧。

第一次拒绝的权利

当你外出就餐时，最让人心慌的时刻会在一餐的开始时出现，即服务生或侍酒师在你面前打开一瓶葡萄酒的时候。你已经看过了酒瓶，审视了标签，接下来要品尝一下（可能酒塞也会被递到你面前，但不要去闻，这只是进一步让你确认这是你点的酒。酒庄的名字会显示在酒塞上）。

这时候的品酒并不是让你看喜欢不喜欢（尽管希望是喜欢的），而是要确认酒有没有缺陷，有没有酒塞污染？因为有一种称作 TCA 的化合物污染了葡萄酒的木塞时，会使葡萄酒闻起来有湿报纸的味道或是更糟的气味。有没有被氧化？也就是空气跑进了酒瓶破坏了葡萄酒。氧化的葡萄酒无论看起来还是闻起来都有点儿像雪利酒——同样是深金色并且闻起来有酵母味。

如果一支葡萄酒既没有被酒塞污染也没有被氧化，但就是喝起来感觉不对呢？有很多可能性，比如你不熟悉这支葡萄酒的葡萄品种或者这种葡萄比较奇怪（希望侍酒师能够提前警告你，或是在酒单上标个星号并附上一些品鉴说明）。

但如果你真的发现你酒杯里的酒有问题，就应该说出这句令人畏惧（你不太敢说，服务员听了也会恐慌）的话："我想退了这瓶酒。"

许多餐厅会想尽办法不让你说出这句话，他们经常会让侍酒师在把酒倒给你之前先品尝一下。这种方法无伤大雅，但有些人很不喜欢，他们觉得侍酒师就是想喝点儿他们的酒（极少数情况下了有可能，但不常见）。

如果没有侍酒师去尝或是观察，那么查看葡萄酒状态是否良好的任务就只有你自己完成了，此时你会备感压力。每个人都等着你，盯着你——当然，可能因为他们也很渴。你要在几秒之内做出可能比较昂贵的判断。

希望你所品尝的酒状态很好，然后可以顺利分享给大家。但还要注意，有些缺陷并不是立即显现出来的，可能要花些时间，几分钟或更久才能被发现。有一次我遇到一支葡萄酒有轻微的酒塞污染，刚开瓶时并不明显，但后来越来越糟。酒塞污染一般都是如此，但要是已经喝了一半还怎么退回去呢？

178

　　答案是：退不了。你可以尝试向侍酒师（或服务生）解释葡萄酒在你杯中的变化。你可以试着再点一瓶其他的酒，期望第一瓶就不收你的钱了（可能性不大）。或者你可以就像大多数遇到这种情况的人那样——喝了就好。你大可放心，不好的葡萄酒对你的身体也没什么害处，只不过喝起来没什么乐趣罢了。

霞多丽的难题

　　到底为什么霞多丽会激起众多葡萄酒爱好者的敌对情绪？还有哪个葡萄品种能像它一样让大家那么鄙视，以致于都组成了仇恨俱乐部？

　　我指的是 ABC（Anything But Chardonnay），也就是"除了霞多丽，什么都可以"的团体。葡萄酒专家们的这个非正式运动起始于 20 世纪 90 年代，作为对霞多丽品种的激烈反抗，他们支持的是像雷司令或白诗南一类更加"纯粹"的品种。他们抵制所有霞多丽，声称它们尝起来和闻起来就像柠檬、奶油、爆米花或奶油糖果。

　　其实不是所有霞多丽都这样，有很多葡萄酒尝起来或是闻起来的味道更差。可能是因为霞多丽实在是树大招风，那么多人都喜欢它，所以引起了专家们的憎恨。

　　反抗组织明显没有太成功，因为现在霞多丽仍然是美国饮用数量排名第一的白葡萄品种，而且几乎每个国家的每家葡萄酒制造商都有自己版本的霞多丽。

　　这是因为霞多丽葡萄可以满足酿酒师的设想。霞多丽是世界上可塑性最强的葡萄。也就是说，它可以依酿酒师之愿闻起来像黄油爆米花，也可以变得非常酸爽纯粹，如夏布利一样。后者的霞多丽有着雷司令一般的清澈（雷司令是 ABC 俱乐部最推崇的葡萄品种之一）。

当然，霞多丽也是十分适合橡木桶陈年的。无论是法国桶、美国桶、斯洛文尼亚（Slavonian）桶或是匈牙利桶，霞多丽与橡木桶就像手与手套的关系，尽管手套有时候像丝绒，有时候更像钢铁。橡木气息可浓可淡，就看酿酒师的想法了。

爱橡木的大有人在，至少是爱它传达出的香料或是热带的气味。有人则完全不这么想，并且大肆抨击"橡木味霞多丽"。我还遇到过一些葡萄酒爱好者以为所有的霞多丽都要经橡木桶处理，就好像是葡萄的某种内在构成似的。

霞多丽永远不会消失，它太实用也太受人喜爱了。可能它的流行势头永远不会减弱——对饮酒的人是这样，对酿酒商也是这样。它在很多地区都种植得十分成功，从法国的勃艮第到美国的索诺玛，以及意大利北部的很多地区，更不用说俄勒冈和华盛顿州，酿酒商们根本不可能在近期内放弃它。它在香槟中也是举足轻重的角色。这也是反对霞多丽的民众们忽略的一点：没有霞多丽，一些世界上最好的葡萄酒也将不复存在。

有人陪多好

　　葡萄酒就是天生应该与大家分享的饮料；葡萄酒应该永远和食物一起搭配；饮用葡萄酒时的温度不能太冷也不能太热，这只是大多数葡萄酒大师相信的关于葡萄酒饮用的几条所谓原则，但可能没有哪条像第一条那样需要严格遵守：葡萄酒永远不要自己独饮。

　　这条原则我总是听人一次次地说起，尤其是我认识的很多女性。一个朋友有次用惊悚的语气对我坦白说："要是只有我一个人在家，我肯定不会打开一瓶葡萄酒。"对她来说，仅一两杯廉价灰皮诺就是迈向毁灭的第一步了。

　　另一个女性朋友是个非常节俭的人，她说她自己不会开一瓶葡萄酒，因为剩下的酒万一喝不完就浪费了。谁知道什么时候或是怎么才能把一瓶酒喝完呢？要是她第二天晚上也外出吃饭，或是想喝点儿别的酒呢？变量太多了，她说不管哪种情况，她很可能就会浪费半瓶甚至更多的酒。

　　我认识的大多数男性对独自饮用葡萄酒有着不同的看法。一个朋友说开葡萄酒瓶的动作就让他不喜欢一个人喝葡萄酒。他说这个动作有些装，形式感太重，当然，这是一个非常低调不喜欢装的朋友（我完全没想到开葡萄酒这事儿对他来说这么有戏剧性）。不过他倒是完全不在意来一听啤酒，很显然，拉开易拉罐拉环远没有开葡萄酒塞那么大的场面。

还有个朋友的酒窖里藏酒众多，他感觉要是自己独享一瓶酒对那些葡萄酒来说有些浪费。这和我那个节俭的朋友又不太一样，不过他的话在某种程度上听起来更悲伤，就好像他认为自己配不上他的葡萄酒似的。

对我来说，明显的解决方式是在公共场合，比如餐厅或酒吧，在周围人的陪伴下饮葡萄酒。虽然是你一个人去的，但你并不孤独。有一次我自己吃饭，点了一整瓶葡萄酒（部分是因为我不喜欢杯酒，部分是因为那瓶葡萄酒是酒单上最有意思的）。但我并没有自己喝完一瓶，我和旁边的一个男人分享，后来才发现他是餐厅的大厨，很明显他也想喝一杯很赞的葡萄酒。

葡萄酒是一种社交饮料——分享能同时解决你和他人的窘境。

葡萄酒最好的朋友

　　葡萄酒和狗可能并不像奶酪和葡萄酒的搭配那么让人欣然接受，但这对组合也是联系紧密且由来以久。毕竟，没有一两只狗的酒庄可以说非常罕见，它们常常在品鉴室走来走去，或是在葡萄园里狂叫。狗和葡萄酒在一起看起来真的很搭。

　　狗和葡萄酒之间的关联已经足以搭建出一个小型出版帝国。近几年，大量有关酒庄的狗的书籍出现在市面上，一些涵盖了整个美国的酒庄狗，其他关注于特定的地区，如纳帕、华盛顿州、索诺玛和加利福利亚中部。这些书甚至还有"豪华版"，可以鉴别出一个人是不是狗与葡萄酒的真爱粉（或应该是葡萄酒与狗的），还是不满足于两者间普通联系的读者们。

　　我要坦白，我就有好几本这种书。虽然这些书文笔并非大师水平，但我也看得起劲儿。例如，根据《美国酒庄的狗》第三卷（*Wine Dogs USA 3*），"有好酒的地方，一般你都能看到一只狗在品鉴室或酒庄里侦察。"我觉得这几乎像宇宙真理一样。

　　可能酒评家也是这么想的，因为在派克先生为这系列图书写的序言中说出了他的斗牛犬 Buddy Parker 的"心声"（这只狗的照片也在书中重点作了介绍，还有他的另一只狗 Betty Jane）。

　　如果一个人可以由他们养的狗来衡量，那么葡萄酒的质量由酒庄的狗来衡量也不为过，这可能还是有用的信息情报。如果酒庄养了德国牧羊犬，那么你就可以猜测他家的葡萄酒风格可能和养了京巴狗的酒庄有所不同。

　　这种联系还是很值得探讨的。事实上，我还发现一些类似的书籍。最近我收到了一本书，看得我瞠口结舌——《酒庄的猫》。我觉得葡萄酒唯一说得上能和猫有联系的可能就是长相思了，但这种联系也有点不太适宜。毕竟，这种葡萄的标志性气味经常被描述成"猫尿"味。

这是个"流行成风"的世界

　　一款热门流行酒是葡萄酒市场人员的美梦，但却是酿酒商的恶梦。前者的原因很好理解，还有什么产品比大家都已经明确表示想买的更好卖呢？但同时，每个酿酒商都知道这种热门酒款都有一个问题，那就是，当一款酒或一种酒变得极端受追捧，就很可能导致供不应求。大家总是想立即得到它，而不是三四年之后。

　　但很不幸，这就是葡萄生长所需要的时间，新葡萄藤要三年多的时间才能结出优质的果实。但可能还没等到那时，不管是黑皮诺、西拉、梅洛还是霞多丽的风潮就已经减退了。

　　在我写这本书的时候，莫斯卡托是最火的葡萄酒，这要归功于现在的年轻群体逐渐对甜酒有了好感，而且莫斯卡托接连出现在一些流行说唱歌曲里（当 Drake 唱到龙虾和莫斯卡托，他成功地让不少人在网上听完歌就跑到葡萄酒商店去找这款酒了）。

　　有些流行似乎一直在延续，比如黑皮诺。它的火爆从电影《杯酒人生》（Sideways）上演时就开始了。有些可悲的男主角盛赞皮诺而妖魔化梅洛。大家都称之为"Sideways 效应"，但其实在那之前葡萄酒爱好者就已经开始关注黑皮诺了。但现在看来大家对这种葡萄的迷恋是不会结束的。黑皮诺的热度持续了那么久，已经不是一时风行了。

　　当然，15 或 20 年前西拉的制造商也是这么想的，他们当时种了很多的西拉，但酒还没卖光就发现市场已经不需要那么多西拉了。西拉的热潮来得快，去得也快，还没等新种下的葡萄成熟，市场需求就已经几乎不在了。

　　并且这种流行不仅限于特定葡萄品种，还有品牌。这些品牌的名字就像历史上的快照。20 世纪 90 年代末的黄尾袋鼠（Yellow Tail）时代、80 年代的 Bartles & Jaymes 葡萄酒冷藏箱，还有之前的蓝仙姑、蜜桃红（Mateus），当然还有里乌利特（Riunite）——它的广告说服了美国葡萄酒爱好者，让他们觉得自己真的非常想要甜甜的红色起泡酒。

　　现在的流行葡萄酒已经很分散了，部分原因可能是现在的葡萄酒种类和品牌实在是太多了，传播交流也多样化了。一款葡萄酒并不需要电视或报纸去做广告宣传——一首网上的歌就能带红一支葡萄酒，莫斯卡托和龙虾不就是个例子吗？

葡萄酒遗产

葡萄酒可能是唯一可以让最强硬的亿万富翁变得伤感惆怅的农产品。一个酒庄、一个葡萄园或一个品牌对富人来说是一份难以抗拒的遗产，他们期望有一天可以把它传给自己的子孙后代。

这些年我已经和不少人（大多数是男性）聊过，他们在不同的行业中赢得财富，而后决定创立或是购入自己的酒庄（之前累积财富是必须的）。我对这种行为不太理解，因为这很难能带来经济效益。但每个人的梦想都是不同的。我想这应该是因为葡萄酒并不是简单的农产品，更是人类文明的一个长久象征。

当然，这也是能带来自我价值感的，因为能让你创造自己的历史并把你的审美展示给世人的地方或产品太少了，更别说大家还能去购买这些产品。

但有一部分因素是很多有着雄心壮志的酒庄庄主们经常忽视的：想要让它成功传承下去，它就要能够销售。葡萄酒并不是直接让下一代继承的东西，它要日复一日地经营和培养。

这在商业上的价值如何呢？酒庄到底能挣多少钱？但我发现很多酒庄庄主并不确切了解这一点，并且很多人也不想去谈，至少完全不想和同行去谈。根据 2013 年的葡萄酒行业年度报告（State of the Wine Industry Annual Report），2012 年酒庄的利润其实非常少。根据硅谷银行的报告，那一年的税前利润仅有少得可怜的 6.9%。现在可能收益更低，因为土地和葡萄的价格都涨了。

这就意味着这些人准备流传给后世的可能就是巨大的债务了。如果这些想给后世留下遗产的人选择投资烈酒，那样他会在子孙心中保有更美好的形象。毕竟，烈酒酿造要简单得多，并且从历史上看，烈酒的利润也高得多。可能没那么浪漫，场景看起来也没那么美（有多少家庭想要几代人坐在一起围着一瓶金酒呢），但估计他们至少能有更多的钱花。

没什么好看

关于食物的伟大电影都很容易起个好名字，比如《巧克力情人》(*Like Water for Chocolate*)、《芭贝特的盛宴》(*Babette's Feast*)、《狂宴》(*Big Night*) 和《饮食男女》(*Eat Drink Man Woman*)，但葡萄酒电影起名字就难得多了。事实上，大多数关于葡萄酒的电影都相当差劲。

我完全对《杯酒人生》这部电影爱不起来。我觉得说这部十多年前的电影引起了黑皮诺的火爆真的是没道理。在我看来，这部电影就是一部蹩脚的友情电影，而非对葡萄酒的所谓赞歌。还有一些电影基于真实的葡萄酒事件改编，但大多数事件并不值得搬上大银幕。比如说《酒业风云》(*Bottle Shock*) 这部电影，基于巴黎品酒会 (Judgment of Paris tasting) 事件改编，当时美国的整体表现将法国酒给比了下去。除了铁杆级葡萄酒专家，谁还会对这种对决感兴趣？1976 年品酒会举行的时候也算不上什么大事件，只有当时的酿酒商可能会在意。

以葡萄酒为主题的电视节目也是一样，多数就像葡萄酒旅行纪录片一样。我觉得也有道理，毕竟大多数人关心的就是葡萄酒的家乡。要不为什么那些对葡萄酒只是小有兴趣的人会花大把时间参加品酒之旅，不管是开豪华轿车自驾还是骑行（骑行在我看来尤其危险，自行车和酒精的组合并不比汽车和酒精的组合好到哪里去）？

为数不多的展示人们品酒的节目也从来不长久，因为那实在是非常无聊。谁会想看别人聊酒，然后看葡萄酒在他们口中流动呢？

并且葡萄酒本身也没什么视觉效果，至少长时间看没有。我都不记得上次听人用葡萄酒的颜色来谈论一支喜欢的酒是什么时候了（"这支酒的红色恰如其分"）。这就和喝葡萄酒一样，没什么人会想看别人喝酒，尤其是品酒和吐酒这两个环节。

葡萄酒不是用来看的，喝酒的人也不是。至少时间不能太长。我觉得两分钟的视频还是很合适的，这对于增长一些葡萄酒知识就足够长了。如果你真的特别感兴趣，我建议你看书来增长知识。

最糟糕的葡萄酒词汇

　　就像有些人会给别人留下更深的印象，有些言论也会让人难以忘记。比如，多年前，一个著名的纽约酒商对我说的话总在我脑海里回响。Joe Salamone 是曼哈顿 Crush Wine & Spirits 的葡萄酒采购主管，我曾经问他购买葡萄酒的人常用哪个词来形容他们想买的酒。Joe 立即就回答："顺滑（Smooth）"。这是最常用也最没用的一个词。

　　Salamone 先生评价说，顺滑对任何人来说可以是任何意思。顺滑有很多种解读和很多化身。顺滑的葡萄酒中就会有温和的单宁？还是有很强的果香？是红葡萄酒或白葡萄酒甚至是起泡酒（起泡酒能说是顺滑的吗）？

　　在葡萄酒世界之外，顺滑的定义还是很清晰的。顺滑意味着"表面光滑无凸起"，对葡萄酒来说是一种"不粗糙或苦涩"的口感，而且用"圆润""柔和"这两个词描绘甚至更加含糊了（而且说真的，也更加令人反感）。一支圆润的葡萄酒可能暗示它比较"懒散"，缺乏任何个性或是口感，和一个温柔和善的男人一样。

　　葡萄酒也好，人也好，需要一点冲突或不和来变得有趣。就像一个人可能采取强硬的态度或是坚持已见，葡萄酒也有自己的结构和酸度。Salamone 先生说后者是顾客尤其害怕的，但每款葡萄酒都需要一定的酸度才能充分活跃。可能葡萄酒饮用者应该更关心一支葡萄酒是不是"充分活跃"。这样的葡萄酒不管是否顺滑，至少是有趣的。

为什么白葡萄酒比红葡萄酒好

当很多年前葡萄酒写作的世界被英国人占领的时候，一个叫 Harry Waugh 的诙谐的英国葡萄酒作家曾经作出一份声明，他至今仍然有不少信徒。这和白葡萄酒低人一等的地位有关。或许就像 Harry 所说，"葡萄酒的第一个责任就是要是葡萄酒"（接下来的第二句是"……第二个就是要是勃艮第"）。

我知道有不少人把这看成真理。很多年前，我姐姐宣布她再也不喝白葡萄酒了，因为白葡萄酒太"浅薄"，从那刻起她就只喝红葡萄酒。她这样做了很多年，不管是寒冷的冬天还是炎热的夏日，直到他搬到达拉斯，那里是美国夏天最热的地方，她才又开始喝起了白葡萄酒，这次再也没放弃。

我一直是每种都喝的，但最近我特别喜欢上了清爽的白葡萄酒。事实上，可能迷白葡萄酒的程度都超过了红葡萄酒，有以下几个原因。

第一个原因是白葡萄酒具有多样性。因为白葡萄酒的单宁含量比红葡萄酒低，所以容易搭配食物。尤其适合同奶酪一起食用。事实上，这也是红葡萄酒餐酒搭配的一个最大的谎言之一；其实，奶酪与白葡萄酒一起吃比红葡萄酒要好得多，也更常见。

第二个原因是白葡萄酒更加清爽，酒精度也更低。而且好像喝完第二天更不容易产生不良的反应。我知道很多人"不能忍受"红葡萄酒——他们也不能确定原因，不过很多人声称是红葡萄酒中组胺的原因。至于酒精度，有一些白葡萄酒（如雷司令和绿酒）经常低于 10%。也就是说，你可以多喝更多的白葡萄酒而不用担心第二天会太难受。

第三个原因是白葡萄酒更便宜。如果你不相信，下次在餐厅仔细看酒单的时候数数低于 55 美元的红葡萄酒数和白葡萄酒数就知道了，红葡萄酒几乎总是更贵一些。一个原因是它酿造成本更高——需要更长时间陈年，也经常用到橡木桶。橡木桶很贵，一个新的法国橡木桶可能就要 1000 美元。

当然，喝红葡萄酒的理由很多。我想不出有什么白葡萄酒能搭配碳烤牛排一起吃（尽管橡木桶气息重的霞多丽可能比较能符合），歌海娜或黑皮诺的风味口感也是无法被长相思或是雷司令所取代的。但总地来说，要和 Waugh 先生说声对不起，我认为其实喝白葡萄酒的理由要比喝红葡萄酒的多多了。

"好"与"伟大"

美国人特别崇尚"伟大"。没有美国人会满足于"非常不错"。"伟大"似乎根植于美国文化中，成为了每个教育项目或是政治言论的主流思想。一些政治家甚至在书中把"伟大"作为放大的题目作标明，坚信仅仅这样做就能证明这本书本身就很伟大。

美国的葡萄酒专家也对伟大特别有激情。他们喝伟大的酒，喜欢谈论伟大的酒，并且大多数人喜欢一边喝着伟大的酒一边谈论伟大的酒。这就是一支伟大的酒和一支好酒的区别。重要的是，伟大的酒是需要被谈论的。

但到底什么构成了一支伟大的葡萄酒呢？伟大的酒又有哪里高于好酒呢？他们两者是有同样的特质的。他们都酿造精良并且非常适口。但一支伟大的酒要有一些额外的东西，是更加难以形容的、妙不可言的东西。

一支好酒，酿成时就能够很好，但一支伟大的酒则有责任在很多年后变得更加精彩。伟大的酒随时间而成长变化，获得复杂度、微妙的改进和深度。当然，除非你已经品尝过很多伟大的酒，否则很难察觉到。伟大的酒需要饮用者有丰富的经验。一支好酒只需要酒瓶、开瓶器和杯子就万事俱备了。

伟大的酒需要耐心。它们需要时间的延续和正确的存储条件——最好是在凉爽（55℉）、黑暗和温度恰当的酒窖。一支好酒就皮实多了：它不需要娇生惯养或是豪华的环境，更像是母亲而不是兰花或玫瑰。

伟大的酒一般很罕见，且产量稀少。它们总是很难寻得，且价格不菲，但也有一些特例（你要深入了解伟大的酒才能发现它们）。例如，所有人都知道波尔多一级酒庄出产的葡萄酒是伟大的酒；法国人甚至创造出了一个名单确保信息的清晰：他们给酒庄按一到五级评级，按质量，或更重要地，按价格进行（基本准确的）降序排列。

这是唯一一个能十分清楚地把葡萄酒的伟大程度展现出来的系统：没有任何其他系统能像波尔多这么明确（难怪大家都想购买波尔多。哪家的葡萄酒最值钱

是再清楚不过得了：收藏家们渴望波尔多一级园并愿意付上四位数或五位数美元的价格换来一箱这个级别的葡萄酒）。

但在其他预示信息不那么明确的地方也有大量的伟大的葡萄酒，比如法国的卢瓦尔谷。那里生产真正伟大的葡萄酒，尤其是武弗雷（Vouvray）产区的予厄酒庄（Domaine Huet）或酿酒师 Jacky Blot 的作品，但收藏家们并不会像他们追捧勃艮第特级园那样对待卢瓦尔谷的白诗南。我想可能是因为它们不够声名显赫吧。

伟大的葡萄酒还有妙不可言的特质，用言语很难形容出那种转瞬即逝的独特口感。伟大的酒并不永远向一个方向发展，一时一变，伟大并不意味着可靠。

相反，一支好的葡萄酒就很好理解了。它不需要昂贵金钱换来的经验，或是过多的思考。好酒的质感的口味都很平衡，但给人带来的总体感觉更偏向感官而非智力。伟大的酒更有挑战，尤其是当你想找到恰当的词来形容它时。这难度就像去解释一件艺术品为什么伟大或者只是好而已。

伟大的酒我喝得不多，拥有的更少。但我有一些好朋友（还有一些伟大的朋友），他们的酒窖藏酒丰富，也乐于慷慨分享，让我得以在这些年品尝到了一些伟大的葡萄酒，以至于以后我真遇到了伟大的葡萄酒也能品得出。这就是关于伟大的葡萄酒的另一个让人高兴的事实：拥有它们的人乐于与别人分享这喜悦。政治家和他们的书可能也是这个道理：他们想和"伟大"这个词搭上关系。

葡萄酒的男女差别

无论什么时候，当一家公司想创造一个更加柔和与简单版本的产品时，它不可避免地会和女性联系在一起。很不幸，葡萄酒也是这样。

比如说，小黑裙（Little Black Dress，是的，这是一个真实的葡萄酒品牌）。很明显，酿酒商或葡萄酒市场人员认为女性可能会更加欣赏一款名字和衣着服饰词汇联系起来的酒。这个品牌的葡萄酒俨然就是个充满这种服装的衣橱，包括一款黑裙女神诱惑（Black Dress Divalicious）混酿，其中包括灰皮诺，当然，因为灰皮诺是女姓喜欢的葡萄品种。

还有更糟的。有个品牌暗示了一位女性和她的葡萄酒之间算不上健康的关系（比如妈咪的短暂消遣 Mommy's Time Out），还有一款葡萄酒暗示了女性本身谈不上吸引人的东西（泼妇葡萄酒 Bitch wine）。

但并没有和男性对等的葡萄酒，没有肌肉男西拉、沙发电视迷白诗南或是遥控器霞多丽（自然应该放到遥控器形状的瓶子里销售）。是因为所有葡萄酒本质上是男性的吗？还是男性不像女性一样容易受到名字的影响？还是只要是男性就被认为学识渊博，就像法国人天然就被认为时尚有型一样？抑或男人对自己的口味很有把握，他们买葡萄酒时不会被酒瓶上剪裁得体的裤子图案所哄骗？

女性购买的葡萄酒其实比男性要多——如果不是在实际的价格总额上，至少在数量上是这样。一个男零售商曾经如此解释性别上的不同定位："男人买蒙哈榭，女人买桑塞尔。"

但女人买酒的频率更高，并且我认识的女性比男性更乐于尝试不同的葡萄酒，她们会购买一定范围的葡萄酒而不只局限于特定的品牌。而且女性并不像男性那样在意分数或金钱，她们可能会喜欢一款酒，但她们不太会进行激烈的讨论或是竞争谁的酒才是最好的。事实上，我唯一一次因为葡萄酒的争论就是和一个男人。女性更容易做出让步。"哦，你觉得这葡萄酒有草莓的气味而不是香料的气味吗？你肯定是对的。"

　　也许女性也应该更多地参与争论，对于"谁才是最好的酿酒师"表明自己的立场，吹嘘藏酒，然后更多地聊聊葡萄酒分数。如果这样，那些为吸引女性才以礼服命名的愚蠢葡萄酒可能就不会存在了。当然，要是那样，女人也就像男人一样了。

最后一个顶级大明星

有些作家只有一部好的作品，有些演员只演活过一个角色，而有些葡萄品种的流行也只是昙花一现。当然，我想到的是维欧尼（Viognier）。

它是法国罗纳谷的本地芳香白皮品种，在世界各地都有种植。曾经有很多葡萄酒专家至少短暂地认为维欧尼可以成为下一个明星。它甚至被认为可能成为霞多丽的接班人。可惜，就像哈珀·李（Harper Lee）《杀死一只知更鸟》的作者的第二本书或是 J. D.塞林格（J. D. Salinger）的回忆录一样，没能实现。

维欧尼的繁荣或者更准确地说是"小繁荣"，发生在 20 世纪 90 年代末和 21 世纪初。如果把它看成一个世界事件，这是上辈子的事儿了，但从葡萄种植的角度看，这只是一段相当短的时间。在维欧尼火爆的时候，当时全加利福尼亚的葡萄园都种植了它，不管是否适合。纳帕、索诺玛还有中央沿岸（Central Coast），甚至在洛蒂产区都有种植。一个炎热的内陆产区，可能最出名的是仙粉黛，或是作为蒙大维（Mondavi）酒庄木桥（Woodbridge）葡萄酒的总部。

维欧尼从头到尾都是一个难题。它的香气是难题之一：强烈的杏和金银花的香气让人难以忽略，它就像是葡萄里的广藿香一样。这就意味着如果碰上了不喜欢浓烈香气的葡萄酒饮用者，维欧尼就会像另一种香气扑鼻的葡萄（如琼瑶浆）一样遭到嫌弃。

还有口感也是个问题。维欧尼可以很浓郁，重酒体，在错误的环境或是错误的手中，它可变得肥硕（想想 Anna Nicole Smith），喝起来让人生厌。这时常发生在维欧尼采摘过晚的情况下：酸度下降，葡萄酒充满酒精感和油质感。相反，如果过早采摘，维欧尼就不能成熟，葡萄酒就会清瘦和尖刻——失去它常有的丰富芳香和热情。

但当环境理想、所有元素都平衡时，维欧尼可以非常令人惊艳——浓郁却是干型，有诱人（但不会令人窒息）的香气从酒杯中涌出。北罗纳河谷孔得里约（Condrieu）可能是维欧尼顶峰水平的最好展示。但极少有人能品尝到孔得里约的白葡萄酒，因为年产量低（整个产区才有大约 3 万箱），并且葡萄酒的价格非常昂贵（分销也不是很好）。

维欧尼会有一天变得像它十几年前一样流行吗？可能性和哈珀·李写第二本书一样小。但话说回来，都有作家（不是 Margaret Mitchell 本人）能写出《飘》的续集，也许其他与维欧尼相似的葡萄品种（琼瑶浆或者麝香）也能成为下一个（几乎顶级的）大明星。

祝你身体健康

葡萄酒是好的，葡萄酒是坏的；葡萄酒让你长寿，葡萄酒让你短命。关于葡萄酒的各种健康声明（还有免责声明）是相互矛盾和让人困惑的。

尽管葡萄酒和健康问题已经纠缠在一起几个世纪了（人们曾经喝葡萄酒是因为喝水太危险了），第一个现代的例子是法式矛盾（French Paradox），20世纪90年代时这项令人难以置信的研究认为，如果你喝葡萄酒，就可以同时摄入高脂肪，就像法国人一样！葡萄酒不仅可以用来搭配食物，还可以照顾你的心脏。

更多研究和好消息陆续出现。含有大量白藜芦醇（葡萄酒中的一种成分）的饮品被指对健康有益处。葡萄酒被发现对记忆力有好处，甚至可以帮助预防乳腺癌。只要别喝太多就好，喝太多就会起反作用。

有人发现葡萄酒可以平胃止吐，但喝太多会损坏肝脏。每当有葡萄酒益于健康的言论出现，总伴随着一些负面消息，甚至超过了正面的好处。当然，所有的益处都只能在适量饮酒的基础上获得，虽然也不知道多少算适量。大家对葡萄酒的"安全"饮用量到底是多少完全不能达成一致。会在将来标注在酒瓶上吗？就像对孕妇的警告一样。

事实上，适度饮用葡萄酒与健康的相关研究成果和理念在世界范围内大量传播，势头无人能及。有些研究者假设，女性一天一杯，男性一天两杯的量是适宜的，但欧洲人可能认为应该更多，而美国一些主张克制的人则认为这种饮用量太大了。有些人甚至建议两天一杯的量就足够了，甚至两天一杯都可能已经到达"酗酒"的边界了。连我的家庭医生Martin Feuer都告诉我，他不能给出安全饮用量的"医嘱"。他很热心地指出："酒精都是有毒害的。"我是不是忘记了说他是不喝酒的？

对于那些只为了健康喝酒的人，他们并不能真正体会葡萄酒的美味或是感受不到葡萄酒对美食的加分，我在这里建议他们应该立即停止饮酒，对他们来说可能还是喝葡萄汁更好。还有那种一举杯就先想到葡萄酒潜在危害的人，我建议他们也别喝了。葡萄酒是享受，而非恐惧。至于我们这些剩下的人，我建议也停止，不过是停止装作我们关心糖尿病、心脏病、老年痴呆、癌症，勇于承认我们对葡萄酒的追求只是为了享乐，我绝对会为此干上一杯。

善变的朋友

为什么理智的人会为一道特殊的菜搭配一支特别的酒而向专业人士寻求帮助？是因为缺乏安全感还是更多地为了寻求完美（如果长相思不错，那霞多丽配那道鱼会不会更好）？不敢确定的人会向侍酒师寻求帮助，在无边的选择中选到那一款最"对"的酒。

那么专家会给出什么建议呢？据我所知，一切皆有可能。有些葡萄酒专家可能会按主菜（鸡肉、其他肉类、鱼类）来配酒，其他人按照酱汁（辣酱或奶油汁）配酒。还有人按照葡萄酒或菜肴的口感轻重（浓郁、轻盈或稠密）来搭配。还有更多人想要在这三个方面权衡搭配，这个想法简直让人眩晕，且几乎是不可能完成的任务。当然，你不用真的依靠一个活生生的专家。有图表、颜色轮甚至小测试来试图帮助普通人搭配餐酒。市面上还有大量关于餐酒搭配的书籍，其中一本还提出了在这方面我最不喜欢的一条建议——喝你喜欢的。

这些所谓搭配专家喜欢使用一些词汇，如脂肪和酸度（前者存在于食物，后者存在于葡萄酒）。有人说高酸的葡萄酒永远不能搭配高脂和具有奶油感的食物，而又有人给出截然相反的论调。还有一些经证实有效的建议：你可以把来自同一地区的葡萄酒和食物搭配在一起。

所以答案是什么呢？可能要让你失望了，我也没有答案。我认为食物和葡萄酒之间的关系还是很灵活的，而且特别差劲的组合并不是很多，真出现的时候你肯定能发现。试试奇扬第配生蚝，你就知道我是什么意思了。所以别担心，这种事发生的可能性并不大，而且即使发生了，总有另一支葡萄酒和下一顿饭。

葡萄酒人生

当我第一次去爱尔兰旅游的时候我还是一个来自俄亥俄州的 20 岁的学生。我当时想学习爱尔兰历史和政治。然后，我爱上了葡萄酒。

葡萄酒并不是爱尔兰的，但我的导师是 Peter Dunne——一个都柏林的葡萄酒商，我叫他"我的爱尔兰爸爸"。我当时住在 Peter 家位于都柏林的大房子里，作为一个地道的美国大学生，我天天吃着他太太做的各种美味的土豆美食，喝着 Peter 每天晚上带回家的葡萄酒。Peter 聊葡萄酒的方式是我从来没听过的；有历史，有政治，还有文学——各种明喻和暗喻伴随着他打开的每一瓶葡萄酒（我的父母也喝酒，而我们的对话也从来不集中在酒瓶里——而且考虑到他们喝的酒，不聊也无妨）。

时不时，我会和 Peter 一起去葡萄酒商店——一家名叫 Mitchell and Son 的小店，要穿过位于市中心的爱尔兰国会大厦。它看起来是如此迷人，充满了文化，让我当时就决定要进入"葡萄酒行业"，即使当时我还不清楚那到底意味着什么。

在毕业后一周，我就搬到了纽约，开始了我的"葡萄酒行业"生涯。从那时起，事情变得有些复杂了——我开始从事各种各样与葡萄酒相关的工作。大概用了十年，我的履历涵盖了几乎葡萄酒领域的每一种工作：零售店店员、批发销售代表、餐厅经理，甚至还有公关和市场专员。

有些工作做得比其他的要长一些，但没有哪个是特别适合我的（我尤其是个不称职的销售，总是准备好接受"不"这个答案）。直到我成为一名葡萄酒记者，才觉得我的葡萄酒事业有可能会成功。

那些年我在葡萄酒行业里学习的时候，葡萄酒行业正进行着翻天覆地的变化。当我得到第一份与葡萄酒有关的工作（零售店店员）的时候，酒评家罗伯特·派克才处在刚刚出名的边缘，但他几乎很快就成为了世界上每一支葡萄酒的仲裁人。

　　在那个遥远的年代，波尔多葡萄酒似乎是大家唯一关心的（派克先生是它的忠实粉丝），除了一些知名的勃艮第和大牌香槟以外。现在大家却都公开认为波尔多葡萄酒可能已经过时了。勃艮第也从餐桌上的饮品变成了只有亿万富翁才能买得起的收藏。当时罗纳谷还很小众，也没人关注教皇新堡，直到派克先生发现了它。而现在那些葡萄酒已经成为世界上最受追捧的对象。

　　加利福尼亚赤霞珠在 20 世纪 80 年代末 90 年代初刚开始盛行起来，而现在它们的地位已经被加利福尼亚霞多丽、黑皮诺和其他古怪的品种所取代，比如特卢梭（Trousseau）。西拉在加利福尼亚已经经历了几次大起大落。我也不知道它还会不会（真正）流行回来。除了纳帕，加利福尼亚其他地区的葡萄酒也开始在酒架和餐厅中出现，帕索罗布尔斯（Paso Robles）产区、圣巴巴拉（Santa Barbara）、安德森谷（Anderson Valley）和索诺玛海岸（Sonoma Coast）都"火"了一段时间，有很多至今也很火。

　　俄勒冈和华盛顿也获得了认可，甚至纽约的葡萄酒最近得到了尊敬（尤其是雷司令）。欧洲呢？还有哪个国家的酒没有被进口吗？或是有进口商想要代理最后一个没有被进口的产自莫拉维亚（Moravia）的葡萄酒吗？答案是确定的，甚至有一个葡萄酒进口公司专门经营莫拉维亚葡萄酒。

　　意大利和法国的每个产区也已经被葡萄酒进口商抢夺了，之后还加上嬉皮侍酒师。没有一个多音节名字的意大利葡萄酒能够在布鲁克林的餐厅酒单上逃脱掉；西班牙的葡萄酒来了又去，澳大利亚和新西兰的也是一样；阿根廷继续凭借马尔贝克平步青云。美国人会有一天厌烦喝马尔贝克吗？还是马尔贝克能帮助阿根廷阻止（下一次）经济危机的到来？

　　葡萄酒的价格有高有低，假酒在哪里都可能遇到，高性价比的葡萄酒比比皆是（你还是可以用低于 15 美元的价格找到一些非常不错的葡萄酒，偶尔甚至只要 10 美元）。在"葡萄酒行业"，有太多事已经改变，正在改变，并将会改变，我只希望我能见证这些改变的发生。

关于作者

    Lettie Teague 是《华尔街日报》的特约撰稿人和葡萄酒专栏作家。她曾任 *Food & Wine* 杂志专栏作家十年，任葡萄酒编辑十二年。她是 *Educating Peter* 的作者，以及 *Fear of Wine* 的合著者。她是三次 James Beard 奖的获得者，包括 M. F. K. Fisher 杰出写作奖。